BestMasters

Mit „BestMasters" zeichnet Springer die besten Masterarbeiten aus, die an renommierten Hochschulen in Deutschland, Österreich und der Schweiz entstanden sind. Die mit Höchstnote ausgezeichneten Arbeiten wurden durch Gutachter zur Veröffentlichung empfohlen und behandeln aktuelle Themen aus unterschiedlichen Fachgebieten der Naturwissenschaften, Psychologie, Technik und Wirtschaftswissenschaften.
Die Reihe wendet sich an Praktiker und Wissenschaftler gleichermaßen und soll insbesondere auch Nachwuchswissenschaftlern Orientierung geben.

Natalie Osipenkov

Biosyntheseweg eines natürlichen Phenylglycins

Biochemische Analyse und Perspektiven einer nachhaltigen Produktion

Mit einem Geleitwort von
Prof. Dr. Wolfgang Wohlleben

Natalie Osipenkov
Gipf-Oberfrick, Schweiz

BestMasters
ISBN 978-3-658-11864-8 ISBN 978-3-658-11865-5 (eBook)
DOI 10.1007/978-3-658-11865-5

Die Deutsche Nationalbibliothek verzeichnet diese Publikation in der Deutschen Nationalbibliografie; detaillierte bibliografische Daten sind im Internet über http://dnb.d-nb.de abrufbar.

Springer Spektrum

Gedruckt auf säurefreiem und chlorfrei gebleichtem Papier

Springer Fachmedien Wiesbaden ist Teil der Fachverlagsgruppe Springer Science+Business Media
(www.springer.com)

Geleitwort

Aproteinogene Aminosäuren, insbesondere D-Aminosäuren, werden weltweit in zunehmendem Maß für die Produktion von Pharmazeutika und Feinchemikalien eingesetzt. D-Aminosäuren dienen hierbei als wichtige Bausteine für zahlreiche Medikamente und Produkte der Nahrungsmittel- und Kosmetikindustrie. Vor allem die alternde Weltpopulation steigert die Nachfrage an diätischen und pharmazeutischen Ergänzungsmitteln.

Viele der aproteinogenen Aminosäuren werden über chemische Synthese gewonnen. Dies ist verhältnismäßig kostenintensiv, energetisch aufwendig und verursacht Abfallstoffe, die entsorgt werden müssen. Nachhaltiger und umweltfreundlicher sind hingegen fermentative Produktionswege, bei denen mit gentechnischen Methoden Mikroorganismen zur Produktion der gewünschten Aminosäuren eingesetzt werden. Ein Vorteil der fermentativen Produktion ist außerdem, dass die Aminosäure meist Enantiomeren-rein gewonnen wird, während bei der chemischen Synthese erst noch eine aufwendige Racemattrennung stattfinden muss.

Phenylglycin ist ein konkretes Beispiel für eine industriell relevante aproteinogene Aminosäure, welche zur Herstellung von Pharmazeutika wie halbsynthetischen Penicillin- und Cephalosporin-Antibiotika und auch synthetischen Süßstoffen verwendet wird. Natürlicherweise kommt Phenylglycin nur als Bestandteil von Streptogramin-Antibiotika wie Pristinamycin oder Virginiamycin vor. Hierbei wird L-Phenylglycin als letzte Aminosäure in das jeweilige Peptid-Antibiotikum eingebaut. Der L-Phenylglycin-Biosyntheseweg war zuvor völlig unbekannt. Mit Hilfe von Gensequenzdaten wurde es möglich, die L-Phenylglycin-Biosynthesegene zu identifizieren und mit Hilfe der Bioinformatik ein L-Phenylglycin-Biosynthesemodell vorzuschlagen. Durch die Arbeiten von Frau Osipenkov konnten erstmalig Teile des Biosyntheseweges experimentell bestätigt werden.

Weniger L-Phenylglycin als vielmehr das stereoisomere D-Phenylglycin ist von industrieller Bedeutung, da es als Seitenkette für die Synthese semisynthetischer β-Lactam-Antibiotika, wie Ampicillin oder Cefalexin verwendet wird. Auf der Grundlage des natürlichen L-Phenylglycin-Biosyntheseweges wurde mit Hilfe eines Synthetischen Biologie-Ansatzes ein künstliches D-Phenylglycin-Operon hergestellt, mit dem nun D-Phenylglycin fermentativ produziert werden soll. Die Synthetische Biologie ist aktuell die neueste Entwicklung der modernen Biologie und kombiniert verschiedene Fachbereiche der Biologie mit der Chemie, Biotechnologie, Informationstechnik und den Ingenieurwissenschaften. Die Synthetische Biologie befasst sich mit dem Design und dem Zusammenführen von synthetischen biologischen Einheiten, wobei gezielt darauf hingearbeitet wird, neue Systeme zu erschaffen, deren Eigenschaften hauptsächlich vom Menschen entworfen werden. Der Biologe wird damit zum Designer neuartiger Moleküle, ganzer Zellen, bis hin zu Geweben und Organismen. Der fermentative D-Phenylglycin-Biosyntheseweg der von Frau Natalie Osipenkov in ihrer Masterarbeit beschrieben wird, stellt ein konkretes Beispiel für einen Synthetischen Biologie-Ansatz dar, bei dem mit Hilfe gentechnischer Methoden ein neues Molekül von Mikroorganismen produziert wird.

Mein besonderer Dank gilt Frau Dr. Yvonne Mast, die die Masterarbeit von Frau Natalie Osipenkov mitbetreut hat.

Tübingen, im November 2014 Prof. Dr. Wolfgang Wohlleben

Vorwort

Diese Masterarbeit entstand im Rahmen meines Studiums zum Master of Science (MSc) im Fachbereich Biologie an der Eberhard Karls Universität Tübingen, welches ich im Frühjahr 2014 erfolgreich abschloss. Als Vertiefungsrichtung wählte ich Mikrobiologie, da mich unter anderem der biotechnologische Nutzen von Mikroorganismen, aber auch Fragenstellungen hinsichtlich ihrer Pathogenität interessierten. Am Lehrstuhl Mikrobiologie/Biotechnologie des Interfakultären Instituts für Mikrobiologie und Infektionsmedizin (IMIT) bekam ich nicht nur die Gelegenheit meine Masterarbeit anzufertigen, sondern erhielt auch tiefe Einblicke zu anderen, dort aktuell laufenden und interessanten Forschungsprojekten. Neben biotechnologischen Aspekten, lernte ich hierbei vieles über Antibiotika, insbesondere deren Biosynthese und Optimierung kennen.

An dieser Stelle möchte ich folgenden Personen herzlichst danken, die zur Entstehung dieser Masterarbeit beigetragen haben und denen, die mich während meiner gesamten Studienzeit begleitet und bedingungslos unterstützt haben:

Prof. Dr. Wolfgang Wohlleben danke ich sehr für die Betreuung, für die Erstellung des Erstgutachtens und dafür, dass ich an seinem Lehrstuhl diese Arbeit anfertigen durfte. Auch für seine Empfehlung, die die Publikation dieser Arbeit ermöglichte, danke ich vielmals. Dr. Günther Muth danke ich für die Erstellung des Zweitgutachtens.

Einen besonderen Dank möchte ich Dr. Yvonne Mast aussprechen. Ich danke ihr für das interessante Thema dieser Arbeit und ihre damit verbundenen Vorabreiten, für die sehr gute Betreuung trotz gewisser Umstände, für die Hilfe bei der Erstellung dieser Arbeit, für Anregungen und wertvolle Ratschläge und dafür, dass sie mir Freiraum für selbständiges Arbeiten ließ.

Ein herzlicher Dank geht auch an meine Laborkolleginnen, Regina Ort-Winklbauer und Dr. Ewelina Michta, für ihre stetige Hilfsbereitschaft, die gute Zusammenarbeit, die netten Gespräche und die schöne Zeit im Labor. Ich bedanke mich herzlichst auch bei Susann Kocadinc und Vera Kübler für ihre Vorarbeiten zu dieser Thematik, auf die ich mich stützen konnte, und für ihre Hilfe bei aufkommenden Fragen. Danken möchte ich auch Thomas Härtner und Andreas Kulik für die Hilfe bei den GC-MS- und HPLC-MS-MS- Analysen und allen anderen Mitarbeiter des Lehrstuhls Mikrobiologie/Biotechnologie, die auf irgendeine Art zur Fertigstellung dieser Arbeit beigetragen haben und die durch ihre Hilfsbereitschaft und Freundlichkeit für eine angenehme Arbeitsatmosphäre sorgten.

Meinen Freunden und Studienkollegen danke ich dafür, dass sie für die notwendige Abwechslung sorgten, und für eine tolle und unvergessliche Studienzeit.

Meinem Freund, Igor, danke ich von ganzem Herzen für seine endlose Geduld, seinen liebevollen Rückhalt und für die schönen, erlebnisreichen und erholsamen Reisen, die wir dank ihm während meiner Studienzeit gemeinsam unternehmen konnten.

Letztendlich gebührt mein größter Dank meinen Eltern, Leonid und Lilia, und allen anderen Familienmitgliedern für ihre vorbehaltlose Unterstützung auf allen Ebenen und für ihren Glauben an mich, der mich stets motiviert, meine Ziele zu verfolgen und zu erreichen.

Gipf-Oberfrick, im April 2015 Natalie Osipenkov

Gipf-Oberfrick, im April 2015 Natalie Osipenkov

Inhaltsverzeichnis

Abbildungsverzeichnis

Tabellenverzeichnis

Abkürzungsverzeichnis

(L-)PGLX	(L-)Phenylglyoxylat
(L-)Phe	(L-)Phenylalanin
(L-)Tyr	(L-)Tyrosin
(L-/D-)Phg	(L-/D-)Phenylglycin
aa	Aminosäuren (amino acids)
AMP	Adenosinmonophosphat
AT(s)	Aminotransferase(n)
bp	Basenpaare
CoA	Coenzym A
Dhpg	3, 5-Dihydroxyphenylglycin
DMAPA	Dimethylaminophenylalanin
HmaS	Hydroxymandelat-Synthase
Hmo	Hydroxymandelat-Oxidase
Hpg	4-Hydroxyphenylglycin
HpgAT	Hydroxyphenylglycin-Aminotransferase
kb	Kilobasen
kDa	Kilo-Dalton
L-Aba	L-Aminobuttersäure
L-Glu	L-Glutamat
L-Hpa	L-Hydroxypicolinsäure
L-Pip	4-oxo-L-Pipecolinsäure
L-Thr	L-Threonin
MPa	Megapascal
NRPS	Nicht-ribosomale Peptidsynthetase
OH-PP	Hydroxyphenylpyruvat
pgl_D	artifizielles D-Phg-Biosynthese-Operon
pgl_L	L-Phg-Biosynthese-Operon
PI, PII	Pristinamycin I, Pristinamycin II
PLP	Pyridoxalphosphat
PMP	Pyridoxaminphosphat
PP	Phenylpyruvat
psi	pound per square inch

1 Zusammenfassung

Der Aktinomycet *Streptomyces pristinaespiralis* produziert das Streptogramin-Antibiotikum Pristinamycin, das sich aus zwei verschiedenen Substanzen, Pristinamycin I (PI) und Pristinamycin II (PII), zusammensetzt. PI ist ein Cyclohexadepsipeptid und gehört der Klasse der Peptidantibiotika an, während PII als ein mehrfach ungesättigtes Makrolakton ein Polyketidantibiotikum darstellt. Die Gene für die Pristinamycin-Biosynthese, -Regulation und -Resistenz sind in einem ~210 kb großen Genbereich, dem sog. „Pristinamycin-Supercluster" organisiert. Innerhalb dieses Genbereichs liegen fünf Gene (*pglA*, *pglB*, *pglC*, *pglD* und *pglE*) als Operon (pgl_L) organisiert vor, die für die Biosynthese der PI-Vorstufe L-Phenylglycin (L-Phg) verantwortlich sind. Mit Hilfe von *in silico*-Analysen der entsprechenden Pgl-Proteine wurde bereits ein Modell für den L-Phg-Biosyntheseweg aufgestellt. Zur Verifizierung dieses putativen L-Phg-Biosyntheseweges sollten in dieser Arbeit die Pgl-Proteine in *E. coli* heterolog überexprimiert, aufgereinigt und ihre postulierten Reaktionen in Enzymassays untersucht werden. Dabei gelang die Expression und Aufreinigung der Aminotransferase PglE. Im darauffolgenden Enzymassay wurde die postulierte Reaktion von PglE, die den letzten Schritt während der L-Phg-Biosynthese darstellt und für die Umwandlung von Phenylglyoxylat zu L-Phg verantwortlich ist, bestätigt. Zudem wurde gezeigt, dass Phenylalanin dabei als Aminogruppen-Donor dient.

Das native pgl_L-Operon enthält vermutlich alle *pgl*-Gene, die an der Biosynthese der aproteinogenen Aminosäure L-Phg beteiligt sind. Für die Feinchemikalienindustrie ist jedoch das Enantiomer D-Phg interessanter, da es unter anderem zur Synthese von halbsynthetischen Antibiotika wie Ampicillin verwendet wird. Aus diesem Grund wurde in einer früheren Arbeit ein artifizielles pgl_D-Operon auf Grundlage des nativen pgl_L-Operons generiert, das eine fermentative Produktion von D-Phg ermöglichen soll. In dieser Arbeit sollte die Funktionalität sowohl des pgl_L- als auch pgl_D-Operons im Hinblick auf die Produktion beider Phg-Enantiomere mittels heterologer Expression untersucht werden. Jedoch war weder in *E. coli* noch in *S. lividans* Phg als Expressionsprodukt der Operone nachweisbar. Des Weiteren konnte in dieser Arbeit mittels Transkriptionsanalysen die Operonstruktur von pgl_L verifiziert werden. Es wurde gezeigt, dass neben den *pgl*-Genen und des *mbtY*-Gens das *snbDE*-Gen und vermutlich auch das *snbC*-Gen Teil des pgl_L-Operons sind. Als Aktivator dieser Transkriptionseinheit wird der SARP-Typ Regulator PapR2 angenommen.

1 Zusammenfassung

2 Einleitung

2.1 Die Gattung *Streptomyces*

Die Gattung *Streptomyces* umfasst grampositive, obligat aerobe, mycelartig wachsende und meist apathogene Bodenbakterien, die zu der heterogenen Ordnung Actinomycetales gehören und ubiquitär verbreitet sind. Generell zeichnen sich Aktinomyceten durch einen hohen GC-Gehalt ihrer DNA aus, der bei Streptomyceten durchschnittlich 74% beträgt [Wright und Bibb, 1992]. Zudem besitzen Streptomyceten, im Gegensatz zu den meisten anderen Bakterien, ein lineares Genom mit einer Größe von ca. 8-10 Megabasen [Lin et al., 1993; Bentley et al., 2002; Ohnishi et al., 2008]. Darüber hinaus weisen sie einen für Bakterien ungewöhnlich komplexen Lebenszyklus auf. Ausgehend von der Sporenkeimung unter geeigneten Bedingungen kommt es auf Festmedien zunächst zum Wachstum eines Substratmycels. Dieses besteht aus stark verzweigten Hyphen, die mehrere Kopien des Genoms beinhalten. Bei Nährstoffmangel bildet sich das Luftmycel, welches schließlich durch Septierung eine Reihe neuer Sporen mit jeweils einer Kopie des Genoms freisetzt und damit den Lebenszyklus schließt (Abbildung 1). Diese sogenannten Exosporen stellen Dauerformen dar, die dem Erhalt der Spezies dienen. Sie besitzen zwar eine Resistenz gegen Austrocknung, jedoch keine gegen hohe Temperaturen [Ensign, 1978].

Streptomyceten sind von hoher kommerzieller Bedeutung. Zum einen produzieren sie viele industriell interessante Exoenzyme wie Proteasen, Amylasen, Chitinasen, Nukleasen, Lipasen usw., die unter anderem zum Abbau natürlicher Polymere benutzt werden. Daneben ist vor allem ihr vielseitiger Sekundärmetabolismus von Bedeutung. Über 70% der heute bekannten und über 50% der heute für therapeutische Zwecke eingesetzten Antibiotika werden von Streptomyceten produziert [Challis und Hopwood, 2002]. Außerdem werden weitere bioaktive Substanzen wie Pestizide und Zytostatika von ihnen produziert.

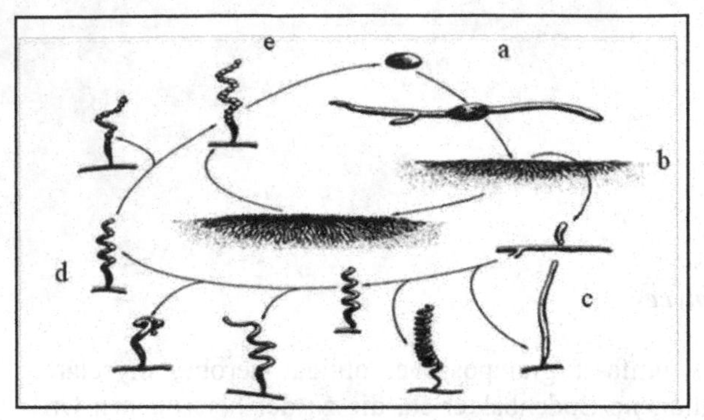

Abbildung 1: Der Lebenszyklus von *Streptomyces coelicolor*. Der Lebenszyklus beginnt mit der Keimung einer Spore (a). Diese Keimhyphe wächst dann in den Boden und bildet nach mehrfacher Verzweigung das Substratmycel (b). Unter nährstoffarmen Bedingungen kommt es zur Bildung des Luftmycels (c). Anschließend wird das Luftmycel durch Bildung von Septen in mehrere Kompartimente aufgeteilt, die die Vorsporen darstellen (d). Nach Verdickung der Zellwände kommt es zur Abschnürung reifer Sporen (e) [aus Kieser et al., 2000, modifiziert].

2.2 Antibiotika

Antibiotika kommen in der Human- und Veterinärmedizin zur Bekämpfung von bakteriellen Infektionen zum Einsatz. Darüber hinaus werden sie auch in der Landwirtschaft als Pflanzenschutzmittel oder als sehr umstrittene und seit 2006 in der EU verbotene Futterzusätze zur Wachstumsförderung der Viehbestände eingesetzt. Des Weiteren dienen sie in der molekularbiologischen Forschung als wichtige Selektionswerkzeuge.

Der Begriff Antibiotikum (Plural: Antibiotika; von griech. „ἀντίβίος“ = „gegen das Leben“) beschreibt ursprünglich eine niedermolekular Substanz (M < 2000 Da) biologischen Ursprungs (Mikroorganismen), die in einer schrittweisen Biosynthese synthetisiert wird und bereits in niedrigen Konzentrationen (< 200 µg/ml) das Wachstum anderer Mikroorganismen hemmt [Waksman und Fennes, 1949]. Mittlerweile wurde die Definition auch auf natürliche und chemisch modifizierte Substanzen („semisynthetische Antibiotika“) mit antimikrobieller Wirkung erweitert [Lancini und Lorenzetti, 1994]. Dabei kann ein Antibiotikum je nach Angriffsort entweder eine bakterizide Wirkung haben, die zum Abtöten der anderen Mikroorganismus führt, oder eine bakteriostatische Wirkung, die lediglich das Wachstums des Mikroorganismus in Anwesenheit des Antibiotikums hemmt. Als mögliche Angriffsorte („*targets*“) dienen unter anderem unterschiedliche Schritte der Zellwand- oder Zellmembransynthese, der DNA-Replikation oder -Transkription und der Proteinsynthese. Im Produzenten selbst sind diese „*targets*" entweder nicht vorhanden oder modifiziert, sodass das Antibiotikum nicht wirken kann. Diese Eigenschaft wird als Resistenz bezeichnet. Eine Resistenz gegen ein Antibiotikum kann außerdem z. B. durch die Inaktivierung des Antibiotikums oder durch sofortigen Abtransport nach außen (Efflux) vermittelt werden.

Antibiotika werden nicht nur von Streptomyceten, sondern auch von anderen Bakterien, Pilzen und höheren Lebewesen wie Pflanzen und Tiere produziert. Die exakte Bedeutung der Antibiotikaproduktion für den Produzenten, die während des Sekundärmetabolismus stattfindet und somit nicht essentiell für das Wachstum und die Vermehrung ist, ist bislang jedoch nicht geklärt. Eine mögliche und durchaus plausible Deutung ist, dass Antibiotika einen Selektionsvorteil bei ungünstigen Umweltbedingungen wie z.B. Nährstoffmangel für den Produzenten bieten, indem sie Nahrungskonkurrenten inhibieren [Davis, 1990; Gräfe, 1992]. Diese Hypothese wird auch durch die Tatsache bestärkt, dass der Sekundärmetabolismus und somit die Antibiotikabiosynthese erst bei Nährstoffmangel einsetzt. Eine andere Vermutung ist, dass Antibiotika synthetisierte Reservestoffe darstellen, die bei Nährstoffmangel wieder verstoffwechselt werden. Des Weiteren wird eine regulatorische Funktion der Antibiotika als endogene Signalstoffe während unterschiedlicher Differenzierungsstadien oder exogene Signalstoffe für eine interspezifische Kommunikation in heterologen Bodengemeinschaften angenommen [Gräfe, 1992].

Die etwa 8000 heute bekannten Antibiotika werden aufgrund ihrer chemischen und biologischen Diversität in Abhängigkeit bestimmter Kriterien wie Herkunft (z.B. Bakterium, Pilz, Pflanzen, Tiere), Wirkmechanismus bzw. Angriffsort (siehe oben), biologische Aktivität (Antiinfektiva, Zytostatika, Insektizide, Herbizide usw.), chemische Struktur (ß-Lactame, Tetracycline, Aminoglycoside, Glycopeptide, Polypeptide, Sulfonamide, Macrolide usw.) oder Biosynthesemechanismus (nicht ribososomal synthetisierte Peptide, Polyketide, Oligosaccharide, Lantibiotika), unterschiedlich klassifiziert.

Die Biosynthese eines Antibiotikums unterliegt einem sehr komplexen Mechanismus, bei dem viele Gene beteiligt sind. Bei Streptomyceten liegen die Biosynthesegene meist zusammen mit den dazu gehörigen Regulator-, Transport- und Resistenzgenen in einem definierten Abschnitt, sogenanntes Gencluster, im Genom vor [Martin und Liras, 1989]. Dabei kann ein Streptomycet mehrere verschiedene Gencluster beinhalten, die für die Synthese von unterschiedlichen Sekundärmetaboliten bzw. Antibiotika dienen. Beispielsweise konnten bei dem Modellorganismus *Streptomyces coelicolor* über 20 Gencluster für Sekundärmetabolite identifiziert werden [Bentley et al., 2002].

2.3 Das Streptogramin-Antibiotikum Pristinamycin

2.3.1 *Struktur und Wirkungsweise von Pristinamycin*

Pristinamycin wird von dem Aktinomyceten *Streptomyces pristinaespiralis* produziert und stellt ein sogenanntes Streptogramin-Antibiotikum dar. So wie andere Streptogramin-Vertreter, z.B. Virginiamycin aus *Streptomyces virginiae* [Cocito, 1979] oder Mikamycin aus *Streptomyces griseoviridus* [Nakajima et al., 1984], besteht auch Pristinamycin aus zwei chemisch unterschiedlichen Substanzen: Pristinamycin I (PI) und Pristinamycin II (PII). Bei PI handelt es sich um ein verzweigtes Cyclohexadepsipeptid, das aus zwei proteinogenen und fünf aproteinogenen Aminosäuren aufgebaut ist (Abbildung 2, A). Somit zählt es als Peptid-Antibiotikum zur B-Gruppe der Streptogramine. PII stellt hingegen ein Polyketid-Antibiotikum dar, genauer gesagt ein mehrfach ungesättigtes Makrolakton und gehört der Streptogramin-Gruppe A an. Es besteht aus einer Isobutyryl-CoA-Einheit, sechs Malonyl-CoA-Einheiten und drei proteinogenen Aminosäuren (Abbildung 2, B). Beide Verbindungen werden generell in einem Verhältnis von 30:70 (PI:PII) gebildet [Bamas-Jaques et al., 1999]. Zudem kommen sie aufgrund verschiedener Seitenreste in unterschiedlichen Formen (PI_A, PI_B, PI_C, PI_E und PII_A, PII_B) vor (Abbildung 2), wobei in beiden Fällen die P_A-Form mengenmäßig dominiert [Blanc et al., 1995; 1997].

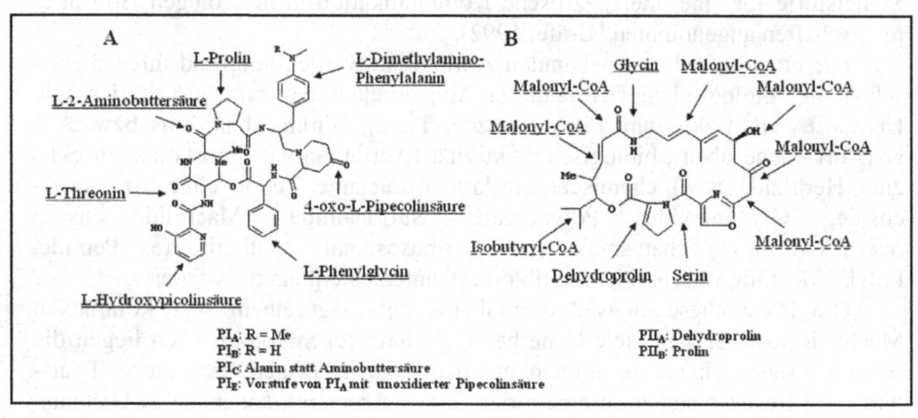

Abbildung 2: Chemische Struktur von Pristinamycin I (A) und Pristinamycin II (B). Aproteinogene Aminosäuren; proteinogene Aminosäuren; CoA-Thioester-Vorstufen [nach Mast et al, 2011b, modifiziert].

Beide Pristinamycin-Verbindungen greifen die bakterielle Proteinbiosynthese an, indem sie an das Peptidyltransferase-Zentrum der ribosomalen 50S Untereinheit binden und dort den Elongationsschritt bei der Proteinbiosynthese inhibieren. PI bindet dabei an die 23S rRNA und löst eine Konformationsänderung aus, die zum frühzeitigen Ablösen der Peptidyl-tRNA von der P-Seite führt. PII hingegen verhindert die Bindung der Aminoacyl-tRNA an die A-Seite. Einzeln wirken PI und PII bakteriostatisch. In Kombination weisen sie aber aufgrund ihres synergistischen Effekts eine bakterizide Wirkung auf [Vannuffel und Cocito, 1996]. Da die natürlichen Substanzen schlecht wasserlöslich sind, wurden semisynthetische Pristinamycin-Derivate, Quinupristin (PI) und Dalfopristin (PII), für therapeutische Zwecke entwickelt. Heute kommen sie in einer 30:70 Mischung (z. B. *Synercid®* von Sanofi-Aventis) als injizierbares Notfallantibiotikum zur Behandlung von Infektionen mit grampositiven Pathogenen wie Methicillin-resistente *Staphylococcus aureus*-Stämme (MRSA) oder Vancomycin-resistente Enterokkoken (VRE), und einigen gramnegativen Bakterien zum Einsatz [Eliopoulos, 2003; Mukhtar und Wright, 2005].

2.3.2 *Das Pristinamycin-Supercluster*

Zum größten Teil wurden die Strukturgene, die an der Biosynthese beider Pristinamycin-Substanzen und deren Vorstufen beteiligt sind, bereits identifiziert und näher charakterisiert [Aventis Pharma; Bamas-Jacques et al., 1999; Blanc et al., 1994, 1995, 1997, 2000; de Crécy-Lagard et al., 1995, 1997a, 1997b; Folcher et al., 2001; Thibaut et al., 1995, 1997; Mast et al., 2011a, 2011b]. Zusammen mit den regulatorischen und Resistenz-vermittelnden Genen sind sie im sogenannten Pristinamycin-Supercluster lokalisiert (Abbildung 3), das mit einer Größe von etwa 210 kb das bisher größte identifizierte Antibiotikacluster darstellt [Mast et al., 2011b]. Dabei liegen die jeweiligen PI- und PII-Gene nicht, wie zu erwarten wäre, als Subcluster vor, sondern sind über die gesamte Genregion verstreut. Außerdem werden sie durch einen ca. 90 kb großen Bereich getrennt (Abbildung 3). Innerhalb dieser 90 kb-Region konnte ein weiteres Gencluster, das sogenannte „*cryptic pristinaespiralis polyketide*“ (cpp) –Cluster, mit einer Größe von etwa 40 kb identifiziert werden. Es kodiert für ein möglicherweise glykosyliertes Typ II-Polyketid, dessen genaue Struktur bislang unbekannt ist [Mast et al., 2011b; Stephan, 2013].

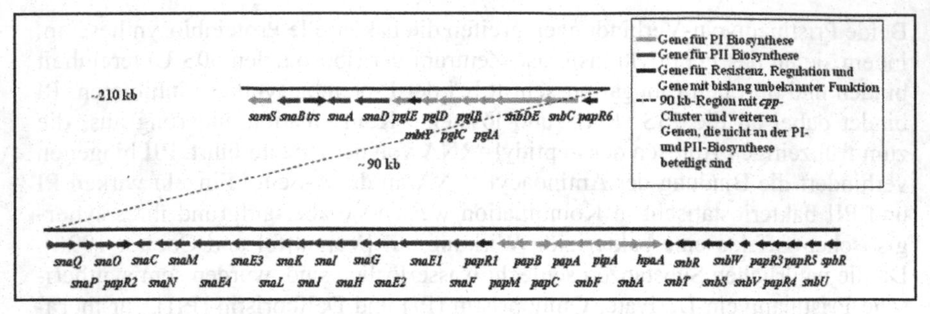

Abbildung 3: Genetische Organisation des Biosynthesegenclusters von Pristinamycin [nach Mast et al., 2011b, modifiziert].

Da sich diese Arbeit mit der Biosynthese der PI-Vorstufe L-Phenylglycin beschäftigt, wird im Folgenden nur die PI-Biosynthese genauer erläutert.

2.3.3 *Biosynthese von Pristinamycin I*

Die Biosynthese des Peptid-Antibiotikums Pristinamycin I erfolgt mit Hilfe der drei nichtribosomalen Peptidsynthetasen (NRPS) SnbA, SnbC und SnbDE [de Crécy-Lagard et al., 1997a, 1997b]. Im ersten Biosyntheseschritt sorgt die Peptidsynthetase SnbA für die Aktivierung der Starteraminosäure L-Hydroxypicolinsäure (L-Hpa), indem es diese adenyliert. Die aktive Form, L-Hpa-AMP, wird dann in den nachfolgenden, von der Peptidsynthetase SnbC vermittelten Kondensationsreaktionen zunächst mit L-Threonin (L-Thr) und dann mit L-Aminobuttersäure (L-Aba) verbunden. Schließlich sorgt die Peptidsynthetase SnbDE für die nacheinander folgende Verknüpfung der restlichen Aminosäuren L-Prolin (L-Pro), Dimethylaminophenylalanin (DMAPA), 4-oxo-L-Pipecolinsäure (L-Pip) und L-Phenylglycin (L-Phg) an das Vorläuferpeptid. Am Ende bewirkt die endständige Thioesterase-Domäne von SnbDE die Abspaltung des Vorläuferpeptids von der Synthetase und dessen Zirkularisierung zum fertigen Peptid-Antibiotikum PI (Abbildung 4) [Thibaut et al., 1997].

Anders als die beiden proteinogenen Aminosäuren L-Pro und L-Thr, die höchstwahrscheinlich direkt aus dem Primärmetabolismus eingespeist werden, müssen die fünf aproteinogenen Aminosäuren L-Hpa, L-Aba, DMAPA, L-Pip und L-Phg zunächst aus Vorstufen des Primärmetabolismus synthetisiert werden, bevor sie als Bausteine für die PI-Synthese genutzt werden können. Die meisten PI-Vorstufengene wurden innerhalb des Pristinamycin-Superclusters identifiziert (Abbildung 3) und die jeweiligen Biosynthesewege bereits charakterisiert (Abbildung 5). Die Aminotransferase HpaA sorgt für die Umwandlung von Lysin zu L-Hpa. Die Cyclodeaminase PipA und das Enzym SnbF sind für die Synthese von L-Pip aus Lysin verantwortlich [Blanc et al., 1996]. Enzyme, die von den vier *pap* Genen (*papA*, *papB*, *papC* und *papM*) kodiert werden, sind an der Biosynthese von DMAPA ausgehend von Chorismat beteiligt [Blanc et al., 1996, 1997]. Über die Synthese von L-Aba ist bisher nichts bekannt. Hingegen konnten die Gene, die an der Synthese von L-Phg beteiligt sind, bereits identifiziert und ein möglicher Biosyntheseweg postuliert werden (siehe unten) [Mast et al., 2011a, 2011b], dessen Untersuchung Bestandteil dieser Arbeit ist.

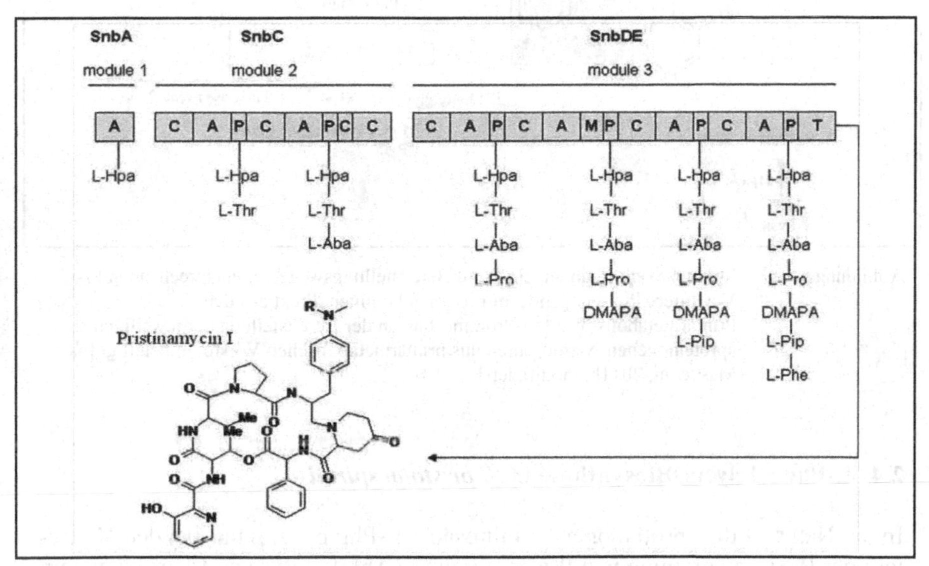

Abbildung 4: Schematische Darstellung der Pristinamycin I-Biosynthese in *S. pristinaespiralis*. Domänen-Zusammensetzung der PI NRPS SnbA, SnbC und SnbDE: A= Adenylierung; C= Kondensation; P= Peptidyl-Carrier-Protein; M= Methyltransferase; T= Thioesterase. Aproteinogene Aminosäuren: L-Hpa= L-Hydroxypicolinsäure; L-Aba= L-Aminobuttersäure; DMAPA= 4-*N,N*-dimethylamino-L-Phenylalanin; L-Pip= 4-oxo-L-Pipecolinsäure; L-Phe= L-Phenylglycin. Proteinogene Aminosäuren: L-Thr= L-Threonin; L-Pro= L-Prolin. R=CH_3 (PI_A), R=H (PI_B) [nach Mast et al., 2011b, modifiziert].

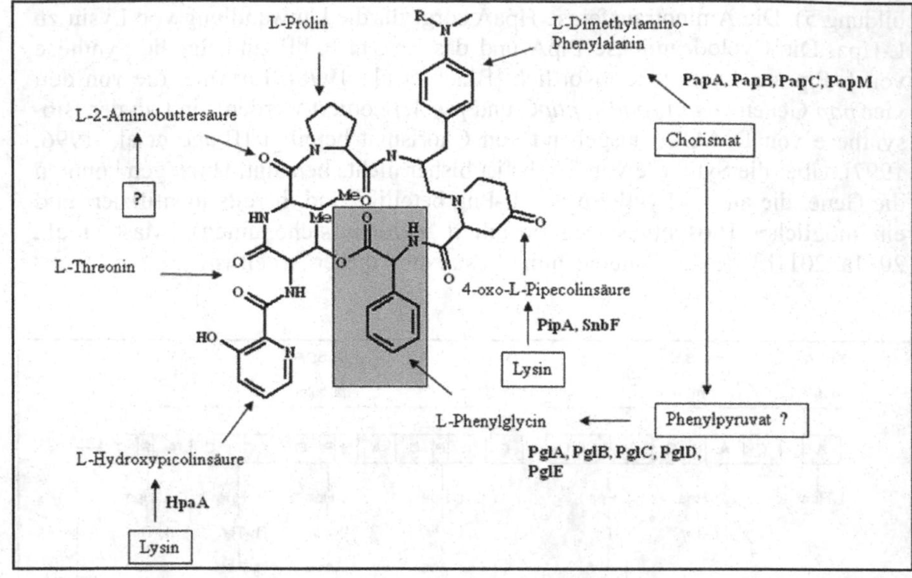

Abbildung 5: Struktur von Pristinamycin I und Bereitstellungswege der entsprechenden PI-Vorstufen. Proteinogene Aminosäuren kommen direkt aus dem Primärmetabolismus. Pgl-Proteine sind an der Bereitstellung der jeweiligen aproteinogenen Aminosäuren aus primärmetabolischen Vorstufen beteiligt [nach Mast et al, 2011b, modifiziert].

2.4 L-Phenylglycin-Biosynthese in *S. pristinaespiralis*

In der Natur ist die aproteinogene Aminosäure L-Phg bislang nur bei den Vertretern der B-Streptogramine wie Pristinamycin I (Abbildung 5) und Virginiamycin S zu finden. Hydroxylierte Derivate wie 4-Hydroxyphenylglycin (Hpg) und 3,5-Dihydroxyphenylglycin (Dhpg) sind bekannte Bestandteile einiger anderer Peptid-Antibiotika wie Vancomycin, Balhimycin, Complestatin, Chloroeremomycin, Ramoplanin, usw. In einigen Fällen ist die Biosynthese der hydroxylierten Phenylglycine weitestgehend verstanden [Hubbard et al., 2000; Pfeifer et al., 2001; Tseng et al., 2004]. Über die Biosynthese von L-Phg im Virginiamycin-Produzenten *Streptomyces virginiae* ist bislang nur wenig bekannt [Ningsih et al., 2011]. Im Gegensatz dazu sind die Untersuchungen bezüglich der L-Phg-Biosynthese in *Streptomyces pristinaespiralis* weiter vorangeschritten.

Im Pristinamycin-Supercluster konnten fünf Gene (*pglA*, *pglB*, *pglC*, *pglD*, *pglE*) identifiziert werden, die zwischen den Peptidsynthetasegenen *snaD* und *snbDE* lokalisiert (Abbildung 3, Abbildung 6) und für die Biosynthese der aproteinogenen Aminosäure L-Phg verantwortlich sind [Mast et al., 2011a]. Aufgrund ihrer überlappenden Start- und Stoppcodons sind sie vermutlich translational gekoppelt und bilden zusammen mit dem Gen *mbtY*, welches zwischen den *pgl*-Genen lokalisiert ist, das ca. 6 kb große L-Phenylglycin-Biosynthese-Operon (pgl_L-Operon). Zwischen den Genen *snaD* und *snbDE* und dem pgl_L-Operon befinden sich jeweils nicht-kodierende Regionen mit mutmaßlichen Promotorbereichen. Somit wurde die Organisation von *snaD* und *snbDE* innerhalb des pgl_L-Operons bislang ausgeschlossen [Mast et al., 2011a].

In früheren Arbeiten [Mast et al., 2011a; Kocadinc, 2011] konnte gezeigt werden, dass die Inaktivierung der einzelnen *pgl*-Gene jeweils zu einem Verlust der PI-, nicht aber der PII-Produktion führt. Durch Zufütterung der jeweiligen *pgl*-Mutanten mit L-Phg konnte die PI-Produktion wiedergestellt werden. Somit war der Nachweis erbracht, dass die *pgl*-Gene tatsächlich an der L-Phg-Biosynthese beteiligt sind.

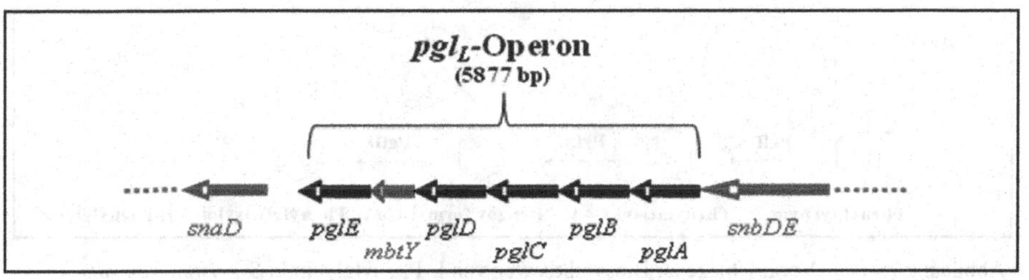

Abbildung 6: Ausschnitt aus dem Pristinamycin-Biosynthesegencluster zur Lokalisation und Eingrenzung des pgl_L-Operons [nach Mast et al., 2011a, modifiziert].

Aufgrund der Sequenzvergleiche mit Hilfe der Blast-Datenbank wurde den putativen Pgl-Proteinen eine Funktion zugeordnet (Tabelle 1) und ein möglicher L-Phg-Biosyntheseweg abgeleitet (Abbildung 7) [Mast et al., 2011a]. Demnach wandelt der Pyruvat-Dehydrogenase-ähnliche Komplex PglB/C Phenylpyruvat, welches während des Primärmetabolismus als Intermediat des Shikimatweges entsteht, nach Austausch der Carboxylgruppe durch Coenzym A zu Phenylacetyl-CoA um. Daraufhin katalysiert das Phenylglycin-Dehydrogenase-ähnliche Enzym PglA die Oxidation von Phenylacetyl-CoA zu Benzoylformyl-CoA, welches in einem nachfolgenden Schritt mit Hilfe der Thioesterase PglD unter Abspaltung des CoA-Restes zu Phenylglyoxylat (PGLX) umgesetzt wird. Im letzten Schritt sorgt dann die Aminotransferase PglE für die Umwandlung von PGLX zu L-Phg, indem sie den Austausch der Carbonylgruppe durch eine Aminogruppe katalysiert.

Tabelle 1: Abgeleitete Funktionen der Gene des pgl$_L$-Operons [nach Mast et al., 2011a].

Gen	Größe (bp)/(aa)	Ähnlichkeit (% aa Identität)	Abgeleitete Funktion	Match-Referenz
pglA	1407/468	DpgC (Amycolatopsis balhimycina) (62%)	Phenylglycin-Dehydrogenase	Pfeifer et al., 2001
pglB	1059/352	PdhA (*Mycobacterium avium*) (57%)	Pyruvat- Dehydrogenase α-Untereinheit	Li et al., 2005
pglC	1041/346	PdhB (*Mycobacterium avium*) (70%)	Pyruvat-Dehydrogenase β-Untereinheit	Li et al., 2005
pglD	855/284	RifR (*Amycolatopsis mediterranei*) (53%)	Typ II-Thioesterase	Claxton et al., 2009
mbtY	216/72	MbtH-ähnliches Protein (*Amycolatopsis balhimycina*) (78%)	Hypothetisches, konserviertes Protein	Stegmann et al., 2006
pglE	1314/437	Pgat (*Amycolatopsis balhimycina*) (67%)	Aminotransferase	Pelzer et al., 1999

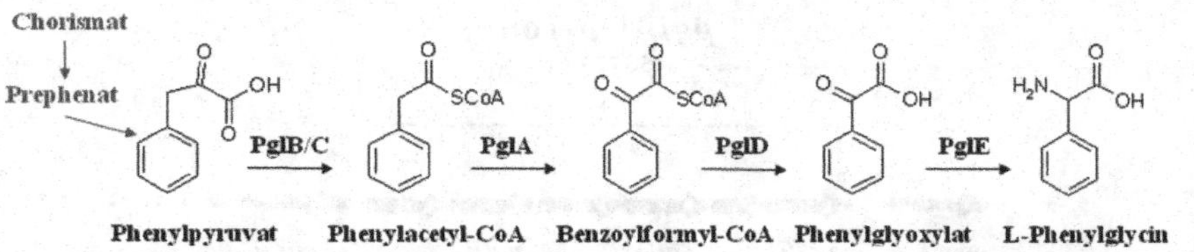

Abbildung 7: Vorgeschlagener Biosyntheseweg von L-Phenylglycin in *S. pristinaespiralis* [nach Mast et al., 2011a, modifiziert]. Schritte des Shikimatweges sind in grau hinterlegt.

Das Gen *mbtY*, welches ebenfalls im *pgl$_L$*-Operon lokalisiert ist (Abbildung 6), kodiert für ein putatives MbtH-ähnliches Protein, dessen eindeutige Funktion bislang unbekannt ist (Tabelle 1). Man vermutet, dass MbtH-ähnliche Proteine für die Adenylierung bzw. Aktivierung von Aminosäuren bei der nicht ribosomalen Peptidsynthese benötigt werden [Felnagle et al., 2010; Davidsen et al., 2013]. Im Falle von MbtY geht man davon aus, dass es die Funktion von der NRPS SnbDE während der PI-Biosynthese unterstützt, aber keinen direkten Einfluss auf die L-Phg-Biosynthese hat [Mast et al., 2011a; Kocadinc, 2011].

2.5 Aminotransferasen

2.5.1 *Klassifizierung von Aminotransferasen*

Aminotransferasen (ATs), auch Transaminasen genannt, sind am Metabolismus vieler Aminosäuren beteiligt. Sie sind in der Natur weit verbreitet und werden zu der umfangreichen und diversen Gruppe der Pyridoxalphosphat (PLP)-abhängigen Enzyme gezählt [Christen und Metzler, 1985; Cooper und Meister, 1989; Taylor et al., 1998; Rudat et al., 2012]. Innerhalb dieser Gruppe werden die Enzyme aufgrund ihrer dreidimensionalen Struktur in sieben verschiedene Subgruppen bzw. Faltungstypen (I-VII) unterteilt, wobei die ATs in der Gruppe des Faltungstyps I (Aspartat-Aminotransferase-Familie) und IV (D-Alanin-Aminotransferase-Familie) zu finden sind (Tabelle 2) [Schneider et al., 2000; Percudani und Peracchi, 2009]. In der Literatur werden weitere, unterschiedliche Klassifizierungen der AT-Superfamilie vorgeschlagen. Ursprünglich wurden sie aufgrund ihrer Primärstruktur in vier unterschiedliche Subfamilien (I, II, III und IV) unterteilt [Metha et al., 1993]. Mittlerweile wird die AT-Subfamilie I, basierend auf der Analyse konservierter Domänen oder Motive in zwei weitere Klassen (I und II) unterteilt (Tabelle 2) [Hwang et al., 2005].

Da jede AT-Subfamilie bzw.-Klasse Enzyme unterschiedlicher Substratspezifität enthält, ist eine genaue Ableitung der Substratspezifität einer AT anhand der Klassifizierung nicht möglich [Koma et al., 2008].

Tabelle 2: Klassifizierung der Aminotransferasen (ATs) [nach Metha et al., 1993 und den Einträgen in den Datenbanken Pfam und PROSITE].

Subfamilie	Klasse	Faltungstyp	Einige Vertreter
I	I	I	Aspartat-ATs, Tyrosin-ATs, aromatische ATs
	II	I	Histidinolphosphat-ATs
II	III	I	ω-ATs wie z.B. Ornithin-ATs
III	IV	IV	D-Alanin-ATs, verzweigtkettige ATs
VI	V	I	Phosphoserin-ATs, Serin-ATs

2.5.2 *Reaktionsmechanismus von Aminotransferasen*

Aminotransferasen (ATs) katalysieren sogenannte Transaminierungsreaktionen, bei denen eine α-Aminogruppe von einer Aminosäure (Donor) auf eine Ketosäure (Akzeptor) durch den Austausch einer α-Ketogruppe reversibel übertragen wird. Anschließend wird aus dem Donor eine Ketosäure und aus dem Akzeptor eine Aminosäure. Es gibt aber auch ATs, die einen Ketozucker statt einer Ketosäure als Aminogruppen-Akzeptor nutzen, wobei dann das Produkt keine Aminosäure, sondern ein Aminozucker ist. Solche ATs sind meistens an der Biosynthese von ungewöhnlichen Zuckern wie z.B. Desosamin, ein häufiger Zuckerrest bei Makrolid-Antibiotika, beteiligt [Burgie et al., 2007].

Der genaue Reaktionsmechanismus einer Transaminierung wurde bislang nur für die Aspartat-ATs beschrieben und wird als typisch für PLP-abhängige ATs vermutet [Shin und Kim, 2002; Eliot und Kirsch, 2004; Frey und Hegeman, 2007].

Die Transaminierungsreaktion erfolgt mit Hilfe des Vitamin B_6-Derivates Pyridoxalphosphat (PLP) in zwei getrennten Halbreaktionen und unterliegt einem sogenannten Ping-Pong Bi-Bi Mechanismus [Kirsch et al., 1984; Eliot und Kirsch, 2004]. In Abwesenheit eines spezifischen Substrats (Aminogruppen-Donor) bindet zunächst der Cofaktor PLP über die Ausbildung einer Shiff'schen Base kovalent an die ε-Aminogruppe eines Lysinrestes im aktiven Zentrum des AT-Apoenzyms und führt zur Bildung eines internen Aldimins (Abbildung 8). Sobald ein Aminogruppen-Donor vorliegt, erfolgt die erste Halbreaktion, bei der die Bindung zwischen dem Lysinrest des Apoenzyms und PLP gelöst wird und PLP nun eine Shiff'sche Base mit der Aminogruppe des Donors ausbildet. Das so entstandene externe Aldimin wird durch nicht-kovalente Interaktionen im aktiven Zentrum des Apoenzyms festgehalten. Die nun freie ε-Aminogruppe des Lysinrestes katalysiert durch eine Protonenverlagerung die Bildung eines Ketamins. Schließlich folgt eine Hydrolyse des Ketamins, die zur Abspaltung der α-Ketosäure und zur Bildung von Pyridoxaminphosphat (PMP) führt. Während der zweiten Halbreaktion, die eine Umkehrreaktion der ersten Halbreaktion darstellt, erfolgt dann die Übertragung der Aminogruppe von PMP auf eine andere, spezifische Ketosäure oder ein Ketozucker (Aminogruppen-Akzeptor). Dabei wird dann das Produkt (Aminosäure oder -Zucker) freigesetzt und das PLP bzw. das interne Aldimin wieder regeneriert und für die nächste Transaminierungsreaktion bereitgestellt [Eliot und Kirsch, 2004; Hayashi et al., 2003].

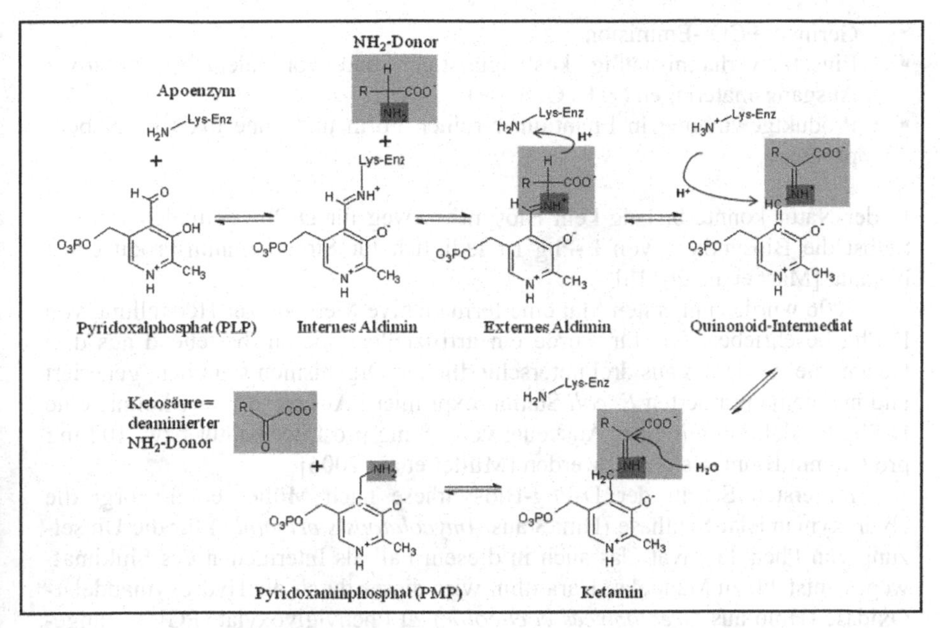

Abbildung 8: Vereinfachtes Schema der ersten Halbreaktion einer PLP-abhängigen Transaminierung.

2.6 Das Enantiomer D-Phenylglycin

Das Enantiomer D-Phenylglycin (D-Phg) spielt in der Feinchemikalienindustrie eine sehr wichtige Rolle. Dort wird es unter anderem zur Herstellung von Pharmazeutika wie halbsynthetische Penicillin- und Cephalosporin-Antibiotika oder synthetischen Süßstoffen verwendet [Martínez-Rodríguez et al., 2010]. Die weltweite Produktion von D-Phg liegt mittlerweile bei über 3000 t pro Jahr [Müller und Hüber, 2003]. Bis heute wird es in der Industrie vorwiegend durch die klassische und enzymatische Katalyse ausgehend von fossilen Rohstoffen synthetisiert [Wegman et al., 2001]. Eine fermentative Produktion von D-Phg wäre allerdings aufgrund folgender Aspekte sowohl ökonomisch als auch ökologisch vorteilhafter:

- Geringerer Rohstoff- und Energieverbrauch
- Weniger Produktionsschritte
- Weniger Abfallstoffe

- Geringere CO_2-Emmision
- Einsatz verhältnismäßig kostengünstiger und vor allem regenerativer Ausgangsmaterialien (z. B. Glucose)
- Produktgewinnung in Enantiomer-reinen Form und ohne toxische Nebenprodukte

In der Natur konnte bislang kein Biosyntheseweg für D-Phg gefunden werden. Selbst die Biosynthese von L-Phg ist lediglich für Streptogramin-Produzenten bekannt [Mast et al., 2011a].

2006 wurde zum ersten Mal eine fermentative Methode zur Herstellung von D-Phg beschrieben. Hierfür wurde ein artifizielles Operon, bestehend aus drei Genen, die wiederum aus drei unterschiedlichen Organismen stammen, generiert und in einem optimierten *E. coli* Stamm exprimiert. Auf diese Weise konnte eine D-Phg-Produktion mit einer Ausbeute von 36 mg pro Liter Kultur bzw. 102 mg pro Gramm Biomasse erzielt werden [Müller et al., 2006].

Im ersten Schritt der D-Phg-Biosynthese nach Müller et al. sorgt die Hydroxymandelat-Synthase (HmaS aus *Amycolatopsis orientalis*) für die Umsetzung von Phenylpyruvat, das auch in diesem Fall als Intermediat des Shikimatweges entsteht, zu Mandelat. Daraufhin wird dieses durch die Hydroxymandelat-Oxidase (Hmo aus *Streptomyces coelicolor*) zu Phenylglyoxylat (PGLX) umgewandelt. Schließlich katalysiert die Hydroxyphenylglycin-Aminotransferase (HpgAT aus *Pseudomonas putida*) die Umwandlung von PGLX zu D-Phg, wobei L-Glutamat als Aminogruppen-Donor dient (Abbildung 9).

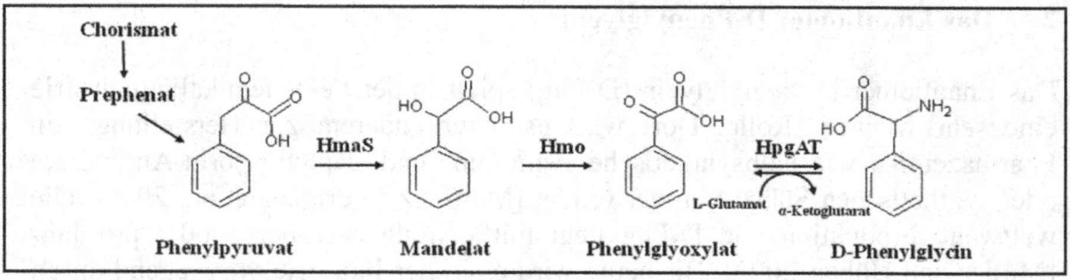

Abbildung 9: Artifizieller Biosyntheseweg von D-Phenylglycin (D-Phg) in *E. coli* [nach Müller et al., 2006].

Die Identifizierung des nativen L-Phg-Biosyntheseweges in *S. pristinaespiralis* [Mast et al., 2011a] bietet eine neue Möglichkeit zur fermentativen Herstellung von D-Phg. Mit Hilfe eines synthetischen Biologie-Ansatzes wurde ein artifizielles D-Phg Operon (pgl_D-Operon), basierend auf dem L-Phg-Operon aus *S. pristinaespiralis*, generiert. Hierbei wurde das für die Aminotransferase kodierende Gen *pglE* durch das Gen der stereoinvertierenden Hydroxyphenylglycin-Aminotransferase (*hpgAT*) aus *Pseudomonas putida* im nativen *pgl*$_L$-Operon ersetzt, sodass im letzten Schritt der Biosynthese anstatt des L-Phg das Enantiomer D-Phg synthetisiert wird (Abbildung 10) [Kocadinc, 2011]. Im Vergleich zu der Methode von Müller et al., könnte der Vorteil dieses neuen artifiziellen Operons darin liegen, dass das bereits evolutionär optimierte L-Phg-Operon besser zur Expression der Pgl-Enzyme geeignet ist und daher möglicher-weise höhere Phg-Ausbeuten erzielt werden können. Bislang konnte jedoch die Produktion von D-Phg nach dieser neuen Methode, der die Expression des teilweise artifiziellen *pgl*$_D$-Operons in einem geeigneten Produktionsstamm zugrunde liegt, weder in *E. coli* noch in *S. lividans* nachgewiesen werden [Kocadinc, 2011; Kübler, 2012].

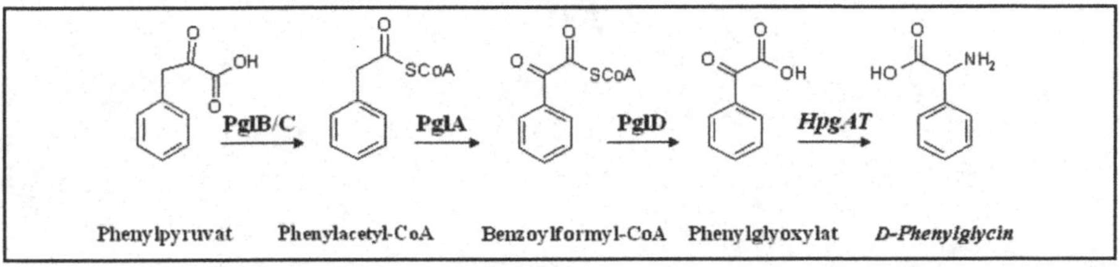

PglB/C → PglA → PglD → *HpgAT* →

Phenylpyruvat Phenylacetyl-CoA Benzoylformyl-CoA Phenylglyoxylat *D-Phenylglycin*

Abbildung 10: Artifizieller D-Phg-Biosyntheseweg basierend auf der nativen L-Phg-Biosynthese in *S. pristinaespiralis*.

2.7 Ziel dieser Arbeit

Das Ziel dieser Arbeit war zum einen die biochemische Untersuchung des L-Phg-Biosyntheseweges in *S. pristinaespiralis*. Hierfür sollten die daran beteiligten *pgl*-Gene in *E. coli* heterolog überexprimiert, die entsprechenden Proteine aufgereinigt und die vermuteten Reaktionen dieser in geeigneten Enzymassays nachgewiesen werden. Alternativ sollten die jeweiligen *S pristinaespiralis pgl*-Mutantenstämme auf akkumulierende Zwischenprodukte des L-Phg-Biosyntheseweges hin untersucht werden, womit ein indirekter Nachweis der jeweiligen enzymatischen Reaktionen der Pgl-Proteine möglich wäre.

Zum anderen sollte die fermentative Produktion von D-Phg basierend auf der Expression des artifiziellen *pgl*$_D$-Operons realisiert werden. Hierzu sollte das *pgl*$_D$-Operon in *E. coli* und *S. lividans* heterolog exprimiert und die daraus resultierende D-Phg-Produktion mittels GC-MS nachgewiesen werden. Parallel dazu sollte auch das native *pgl*$_L$.Operon heterolog in *E. coli* und *S. lividans* exprimiert werden, um experimentell nachzuweisen, dass dieses Operon tatsächlich für die Biosynthese von L-Phg verantwortlich ist.

[illegible] C [illegible] durch das Gen der stereoselektiv [illegible] Hydroxy [illegible] Aminotransferase [illegible] aus *Pseudomonas* [illegible] im natürlichen [illegible] Operon ersetzt, sodass [illegible] Schritt der Biosynthese [illegible] Phz [illegible] der D-Phz [illegible] synthetisiert wird (Abbildung 10) [illegible] 2014]. Im Vergleich zu den Methoden [illegible] Vorteil dieser neuen [illegible] dass [illegible] Phz-Operon besser [illegible] Expression [illegible] und dadurch [illegible] Phz-Ausbeute [illegible] Formation [illegible] Bereitung konnte jedoch die [illegible] neuen Methode, da die Expression des teilweise [illegible] Operons in einem geeigneten [illegible] der [illegible] [illegible] 2014; [illegible] 2015].

Abbildung 10: [illegible] D-Phz-Biosynthesewege basierend auf [illegible] in *S. [illegible]*.

[illegible] Ziel dieser Arbeit

Das Ziel dieser Arbeit war zum einen die [illegible] die Untersuchung des [illegible] Phz-Biosynthesewegs in *S. [illegible]*. Hierfür sollten die [illegible] ten [illegible] in [illegible] exprimiert, die entsprechenden Proteine [illegible] und die vermuteten Reaktionen dieser [illegible] Enzyme [illegible] nachgewiesen werden. Alternativ sollten die jeweiligen [illegible] Mutanten [illegible] auf [illegible] Zwischenprodukte [illegible] D-Phz-Biosynthese [illegible] werden, womit ein indirekter Nachweis der jeweiligen [illegible] Reaktionen der [illegible] möglich wäre.

[illegible] sollte die [illegible] D-Phz basierend auf [illegible] Hierzu sollte ein [illegible] Schema [illegible] werden [illegible] nachweisen [illegible] wären [illegible] werden [illegible] Phz [illegible]

3 Materialien und Methoden

3.1 Bakterienstämme

Tabelle 3: E. coli-Stämme

Stamm	Genotyp/Phänotyp	Referenz/Herkunft
XL1 Blue	F′:: Tn*10* (Tc^R), *proA*$^+$*B*$^+$, *lacI*^{q}, *Δ(lacZ)M15*, *recA1*, *endA1*, *relA1*, *gyrA96*, Nal^R, *thi-1*, *hsdR17*, *supE44*, *relA1*	Bullock et al., 1987
Rosetta 2(DE3)/pLysSPARE2	F-, *ompT*, *hsd*SB, (r_B m_{B-}), *gal*, *dcm*, (DE3), pLysSRARE2, (cm^R)	Novagen
DH5α	*fhuA2*, *Δ(argF-lacZ) U169*, *phoA*, *glnV44*, *Φ80*, *Δ(lacZ)M15*, *gyrA96*, *recA1*, *relA1*, *endA1*, *thi-1*, *hsdR17*	Taylor et al., 1993

Tabelle 4: Streptomyces-Stämme

Stamm	Genotyp/Phänotyp	Referenz/Herkunft
S. lividans T7	*tsr*, T7-RNA-Polymerasegen	Altenbuchner, pers. Mitt.
S. pristinaespiralis Pr11	Pristinamycin-Produzent, Wildtyp	Aventis Pharma
S. pristinaespiralis pglE::apra	*pglE*-Insertionsmutante; *pglE::apra*, $Apra^R$	Mast et al., 2011

3.2 Vektoren, Plasmide und Cosmide

Tabelle 5: Vektoren und Plasmide

Vektor, Plasmid	Größe	Eigenschaften	Referenz/Herkunft
E. coli			
pDrive	3851 bp	PCR-Klonierungsvektor; Kan^R, Amp^R, P_{lac}, *lacZ*, P_{T7}, P_{SP6}	QIAGEN
pDrive/*hispglA*	5287 bp	pDrive-Derivat mit *hispglA*-Gen; His6-Tag wurde mittels PCR über Primer N-terminal an das *pglA*-Gen angehängt.	diese Arbeit

Tabelle 5: Vektoren und Plasmide (Fortsetzung)

Vektor, Plasmid	Größe	Eigenschaften	Referenz/Herkunft
E. coli			
pDrive/*hispglBC*	5979 bp	pDrive-Derivat mit *hispglBC*-Genen; His6-Tag wurde mittels PCR über Primer N-terminal an das *pglB*-Gen angehängt.	diese Arbeit
pDrive/*hispglB*	4939 bp	pDrive-Derivat mit *hispglB*-Gen; His6-Tag wurde mittels PCR über Primer N-terminal an das *pglB*-Gen angehängt.	diese Arbeit
pDrive/*hispglC*	4921 bp	pDrive-Derivat mit *hispglC*-Gen; His6-Tag wurde mittels PCR über Primer N-terminal an das *pglC*-Gen angehängt.	diese Arbeit
pDrive/*hispglD*	4735 bp	pDrive-Derivat mit *hispglD*-Gen; His6-Tag wurde mittels PCR über Primer N-terminal an das *pglD*-Gen angehängt.	diese Arbeit
pDrive/*hispglE*	5194 bp	pDrive-Derivat mit *hispglE*-Gen; His6-Tag wurde mittels PCR über Primer N-terminal an das *pglE*-Gen angehängt.	diese Arbeit
pDrive/*synth.hispglA*	5287 bp	pDrive-Derivat mit synthetischem *hispglA*-Gen; His6-Tag wurde mittels PCR über Primer N-terminal an das synth. *pglA*-Gen angehängt.	diese Arbeit
pDrive/*synth.hispglBC*	5979 bp	pDrive-Derivat mit synthetischen *hispglBC*-Genen; His6-Tag wurde mittels PCR über Primer N-terminal an das synth. *pglB*-Gen angehängt.	diese Arbeit
pDrive/*synth.hispglB*	4939 bp	pDrive-Derivat mit synthetischem *hispglB*-Gen; His6-Tag wurde mittels PCR über Primer N-terminal an das synth. *pglB*-Gen angehängt.	diese Arbeit
pDrive/*synth.hispglC*	4921 bp	pDrive-Derivat mit synthetischem *hispglC*-Gen; His6-Tag wurde mittels PCR über Primer N-terminal an das synth. *pglC*-Gen angehängt.	diese Arbeit

Tabelle 5: Vektoren und Plasmide (Fortsetzung)

Vektor, Plasmid	Größe	Eigenschaften	Referenz/Herkunft
E. coli			
pDrive/*synth.hispglD*	4735 bp	pDrive-Derivat mit synthetischem *hispglD*-Gen; His6-Tag wurde mittels PCR über Primer N-terminal an das synth. *pglD*-Gen angehängt.	diese Arbeit
pDrive/*synth.hishpgAT*	5209 bp	pDrive-Derivat mit synthetischem *hishpgAT*-Gen; His6-Tag wurde mittels PCR über Primer N-terminal an das synth. *hpgAT*-Gen angehängt.	diese Arbeit
pYT1	5026 bp	P_{rha}, *egfp*, *bla*, *Strep*-Tag	Yvonne Tiffert, unveröffentlicht
pYT/*hispglA*	5698 bp	pYT1-Derivat mit *hispglA*-Gen (aus pDrive/*hispglA*) anstelle von *egfp*-Gen.	diese Arbeit
pYT/*hispglBC*	6390 bp	pYT1-Derivat mit *hispglBC*-Genen (aus pDrive/*hispglBC*) anstelle von *egfp*-Gen.	diese Arbeit
pYT/*hispglB*	5350 bp	pYT1-Derivat mit *hispglB*-Gen (aus pDrive/*hispglB*) anstelle von *egfp*-Gen.	diese Arbeit
pYT/*hispglC*	5332 bp	pYT1-Derivat mit *hispglC*-Gen (aus pDrive/*hispglC*) anstelle von *egfp*-Gen.	diese Arbeit
pYT/*hispglD*	5146 bp	pYT1-Derivat mit *hispglD* Gen (aus pDrive/*hispglD*) anstelle von *egfp*-Gen.	diese Arbeit
pYT/*hispglE*	5605 bp	pYT1-Derivat mit *hispglE*-Gen (aus pDrive/*hispglE*) anstelle von *egfp*-Gen.	diese Arbeit
pYT/*synth.hispglA*	5698 bp	pYT1-Derivat mit synthetischem *hispglA*-Gen (aus pDrive/*synth.pglA*) anstelle von *egfp*-Gen.	diese Arbeit
pYT/*synth.hispglBC*	6390 bp	pYT1-Derivat mit synthetischen *hispglBC*-Genen (aus pDrive/*synth.pglBC*) anstelle von *egfp*-Gen.	diese Arbeit
pYT/*synth.hispglB*	5350 bp	pYT1-Derivat mit synthetischem *hispglB*-Gen (aus pDrive/*synth.pglB*) anstelle von *egfp*-Gen.	diese Arbeit

Tabelle 5: Vektoren und Plasmide (Fortsetzung)

Vektor, Plasmid	Größe	Eigenschaften	Referenz/Herkunft
E. coli			
pYT/*synth.hispglC*	5332 bp	pYT1-Derivat mit synthetischem *hispglC*-Gen (aus pDrive/*synth.pglC*) anstelle von *egfp*-Gen.	diese Arbeit
pYT/*synth.hispglD*	5146 bp	pYT1-Derivat mit synthetischem *hispglD*-Gen (aus pDrive/*synth.pglD*) anstelle von *egfp*-Gen.	diese Arbeit
pYT/*synth.hishpgAT*	5620 bp	pYT1-Derivat mit synthetischem *hishpgAT*-Gen (aus pDrive/*synth.hpgAT*) anstelle von *egfp*-Gen.	diese Arbeit
pRSETB Invitrogen™	2939 bp	pUC-Derivat mit His-Tag, *bla* (Amp^R), P_{T7}	Life Technologies
pRSETB/pgl_L	8784 bp	pRSETB-Derivat mit pgl_L-Operon	Kocadinc, 2011
pRSETB/pgl_D	8514 bp	pRSETB-Derivat mit pgl_D-Operon, *ΔmbtY*	Kocadinc, 2011
pRSETB/synth.pgl_D	8487 bp	pRSETB-Derivat mit synthetischem pgl_D-Operon	Biometik (Ontario, Kanada)
Streptomyces			
pRM4		ΦC31 Integrationsvektor, *ermEp*-Promotor, *acc* ($Apra^R$), RBS	Menges et al., 2007
pRM4/pgl_D	11769 bp	pRM4-Derivat mit pgl_D-Operon	Ort-Winklbauer, pers. Mitt.
pRM4/pgl_L	12039 bp	pRM4-Derivat mit pgl_L-Operon	Ort-Winklbauer, pers. Mitt.

Tabelle 6: Cosmide

Cosmid	Eigenschaften	Referenz/Herkunft
Cos 3/34	*apr^R, snaD, pglE (=pgt), mbtY (=mbtH), pglD (=the), pglC (=pyh2), pglB (=pyh1), pglA (=pgd), snbDE*	Combinature, Mast et al., 2011

3.3 Oligonukleotide

Alle in dieser Arbeit verwendeten Primer zur Amplifikation von DNA-Fragmenten mittels der PCR wurden von der Fa. Eurofins MWG/Operon bezogen.

Tabelle 7: Primer

Primer	Sequenz 5'->3'	Größe [bp]	Tm [°C]	Verwendung
hisPglAfw	ACATATGCATCATCATCATCATCATCGCACACCGACCCTCGCCGC	45	>75	Zur Amplifikation von *hispglA* aus Cos 3/34 und Addition eines N-terminalen His6-Tags
hisPglArev	AAAGCTTTCATCGGGATCCGCCGCGG	26	69,5	
hisPglBCfw	ACATATGCATCATCATCATCATCATACGTGCTCGACGCCCCCGC	45	>75	Zur Amplifikation von *hispglBC* aus Cos 3/34 und Addition eines N-terminalen His6-Tags
hisPglBCrev	AAAGCTTTCATGCGGCGGCCGTCCGGC	27	72,6	
hisPglBrev	AAAGCTTTCAGGCGTCCTCCCCCGTCG	27	71,0	Zur Amplifikation von *hispglB* aus Cos 3/34; siehe oben zugehöriger fw-Primer: hisPglBCfw
hisPglCfw	ACATATGCATCATCATCATCATCATCCCACCGACCCCGCCGCCGC	45	>75	Zur Amplifikation von *hispglC* aus Cos 3/34;siehe oben zugehöriger rev-Primer: hisPglBCrev
hisPglDfw	ACATATGCATCATCATCATCATCATAACACCCGCACCACCGGCCC	45	>75	Zur Amplifikation von *hispglD* aus Cos 3/34 und Addition eines N-terminalen His6-Tags
hisPglDrev	AAAGCTTTCATATCGGTCTCCCGGTGTT	28	65,1	
hisPglEfw	ACATATGCATCATCATCATCATCATACCGCGGGCCTGCTCGAGGC	45	>75	Zur Amplifikation von *hispglE* aus Cos 3/34 und Addition eines N-terminalen His6-Tags
hisPglErev	AAAGCTTTCAGCGGGGCGTGCGGGCGG	27	74,1	
synpglAex1 (fw)	ACATATGCATCATCATCATCATCATCGTACCCCGACTCTGGCAGC	45	74,9	Zur Amplifikation von *synth.hispglA* aus pRSETB/*synth.pgl*$_D$ und Addition eines N-terminalen His6-Tags
synpglAex2 (rev)	AAAGCTTTCATCGAGAACCGCCACGGT	27	66,5	

Tabelle 7: Primer (Fortsetzung)

Primer	Sequenz 5'->3'	Größe [bp]	Tm [°C]	Verwendung
synpglBCex1 (fw)	ACATATGCATCATCATCATCATCATACTGTTCTGGACGCTCCGGC	45	74	Zur Amplifikation von *synth.hispglBC* aus pRSETB/*synth.*pgl_D und Addition eines N-terminalen His6-Tags
synpglBCex2 (rev)	AAAGCTTTCATGCAGCCGCAGTACGAC	27	66,5	
synpglBex2 (rev)	AAAGCTTTCATGCATCCTCACCGGTCG	27	66,5	Zur Amplifikation von *synth.hispglB* aus pRSETB/*synth.*pgl_D; siehe oben zugehörigen fw-Primer: synpglBCex1
synpglCex1 (fw)	ACATATGCATCATCATCATCATCATCCGACTGACCCGGCAGCAGC	45	>75	Zur Amplifikation von *synth.hispglC* aus pRSETB/*synth.*pgl_D; siehe oben zugehörigen rev-Primer: synpglBCex2
synpglDex1 (fw)	ACATATGCATCATCATCATCATCATAACACCGTACTACTGGCCC	45	73,1	Zur Amplifikation von *synth.hispglD* aus pRSETB/*synth.*pgl_D und Addition eines N-terminalen His6-Tags
synpglDex2 (rev)	AAAGCTTTTAGATCGGACGACCGGTGT	27	65	
synhpgATex1 (fw)	ACATATGCATCATCATCATCATCATTCTATCTATTCTGATTACGA	45	67,6	Zur Amplifikation von *synth.hishpgAT* aus pRSETB/*synth.*pgl_D und Addition eines N-terminalen His6-Tags
synhpgATex2 (rev)	AAAGCTTTTATCCCAGCAGGTTTTCCT	27	61,9	
snbDE/pglA_fw	ATCGAGGAGCACCACCTGGA	20	61,4	Zur Transkriptionsanalyse des pgl_L-Operons mittels RT-PCR
snbDE/pglA_rev	TCCTTGGTGAACTCGCCGGT	20	61,4	
pglA/B_fw	TACCTCGCCCGGTACGCCTA	20	63,5	Zur Transkriptionsanalyse des pgl_L-Operons mittels RT-PCR
pglA/B_rev	TGACCATGGCCCGGTACAGC	20	63,5	
pglB/C_fw	AGATGTTCCAGCACGTCTAC	20	57,3	Zur Transkriptionsanalyse des pgl_L-Operons mittels RT-PCR
pglB/C_rev	AAGACGAGGGTGTTCTCGTC	20	59,4	

Tabelle 7: Primer (Fortsetzung)

Primer	Sequenz 5'->3'	Größe [bp]	Tm [°C]	Verwendung
pglC/D_fw	ACCGGCTTCGACGTGCCCTA	20	63,5	Zur Transkriptionsanalyse des pgl_L-Operons mittels RT-PCR
pglC/D_rev	TGCGGGAAGCACAGCAGTCG	20	63,5	
pglD/E_fw	AACACCGGGAGACCGATATG	20	59,4	Zur Transkriptionsanalyse des pgl_L-Operons mittels RT-PCR
pglD/E_rev	TTGAGGAGGGTCATCGAGGT	20	59,4	
gapAfw	CTTCCTGCACCACCAACTGC	20	61,4	Zur Kontrolle der RT-PCR-Analyse bei *E. coli*
gapArev	AGCTTTAGCAGCACCGGTA	19	56,7	
T7fw	TCGCAAGTCTCGCCGTATC	19	58,8	Zur Kontrolle der RT-PCR-Analyse bei *E. coli* mit einem T7-Expressionssystem
T7rev	TTCGCCAGCGTAAGCAGTC	19	58,8	
RT-hrdBf	TGGTCGAGGTCATCAACAAG	20	50	Zur Kontrolle der RT-PCR-Analyse bei *Streptomyces*
RT-hrdBr	TGGACCTCGATGACCTTCTC	20	52	

NdeI- und *HindIII*-Erkennungssequenz; 6x CAT-Codon→ His6-Tag

3.4 Kits, Enzyme, Chemikalien und andere Materialien

Tabelle 8: Kits

Kit	Verwendung	Hersteller
Taq-DNA-Polymerase Kit	PCR	QIAGEN
Illustra GFX PCR DNA and Gel Band Purification Kit	Isolierung von DNA-Fragmenten aus einem Agarosegel	GE Healthcare
Ni-NTA Spin Columns	Aufreinigung von His-getaggten Proteinen	QIAGEN
PCR Cloning Kit	Zur direkten Klonierung von PCR-Produkten in den pDrive-Vektor	QIAGEN
RNeasy Mini Kit	RNA-Isolierung	QIAGEN

Tabelle 9: Enzyme

Enzym	Hersteller
Lysozym	Serva
Proteinase K	AppliChem
RNase	Sigma
Restriktionsendonukleasen	Fermentas, New England Biolabs
T4-DNA-Ligase	Fermentas
Taq-DNA-Polymerase	QIAGEN

Tabelle 9: Enzyme (Fortsetzung)

Enzym	Hersteller
DNase I	Fermentas
Reverse Transkriptase	Fermentas

Tabelle 10: Chemikalien und andere Materialien

Substanz	Hersteller
Aceton	Roth
Agar	Roth
Agarose	Roth
Ammoniummolybdat ($(NH_4)_6Mo_7O_{24}$ x $4H_2O$)	Fluka
Bromphenolblau (BPB)	Serva
$CaCl_2$	Roth
Casaminosäuren	Benton, Dickinson and Company
$CuCl_2$*$2H_2O$	Fluka
Dichlormethan	Merck
Dimethylformamid (DFM)	Roth
Dithiothreitol (DTT)	Sigma
Essigsäure	Roth
Ethanol	Roth
Ethidiumbromid	Roth
$FeCl_3$*$6H_2O$	Merck
Ficoll® 400 (Saccharose-Epichlorhydrin-Copolymer)	Sigma Aldrich
Gene Ruler^{TM} 1 kb DNA-Ladder	Thermo Scientific
Glucose	Roth
Glycerin	Roth
Glycin	AppliChem
Hefeextrakt	Oxoid/Bacto Laboratories
Hydroxyphenylpyruvat	Fluka
HCl/Methanol	Fluka
Imidazol	Merck
IPTG (Isopropyl-β-D-thiogalactosid)	Roth
Isopropanol	Roth
KCl	Merck
K_2HPO_4	Roth
K_2SO_4	Riedel-de Haën
KH_2PO_4	Merck
LB-Medium (Lennox)	Roth
Magermilchpulver	Saliter
$MgCl_2$ x $6H_20$	Roth
$MgSO_4$ x $7H_2O$	Merck
Mannitol	Merck
$MnCl_2$ x $4H_2O$	Merck

Tabelle 10: Chemikalien und andere Materialien (Fortsetzung)

Substanz	**Hersteller**
Methanol	Roth
Natriumacetat	Roth
$Na_2B_4O_7$ x $10H_2O$	Merck
$NaCl_2$	Roth
NaOH	Merck
Nukleotide (dNTPs)	Qiagen
Nitrocellulose-Membran	Pall
Orange G (DNA-Ladepuffer)	Merck
PEG 2000 (Polyethylenglycol)	Roth
Pepton	Bacto Laboratories
L-Phenylalanin	Merck
D/L-α-Phenylglycin	Fluka
L-α-Phenylglycin	Fluka
Phenylglyoxylat	Fluka
Phenylpyruvat	Sigma
L-Prolin	Sigma
Pyridoxalphosphat (PLP)	Sigma
α-L-Rhamnose	Serva
SPE-PP-CHROMABOND® SA (SCX) 3ml Vol.	Roth, Macherey-Nagel
Saccharose	Roth
SDS (Sodiumdodecylsulfat)	Serva
Sojamehl (vollfett)	Hensel Magstadt
TEMED (N,N,N',N'-Tetramethylethylenediamine)	Fluka
TES (N-[Tris(hydroxymethyl)methyl]-2-aminoslonic acids)	Sigma
Trifluoressigsäureanhydrid	Merck
Tris ultrapure	AppliChem
Triton X-100	Serva
Trypton	Bacto
Tween 20	Sigma
L-Tyrosin	Merck
Western Lightning *Plus*-ECL	Perkin Elmer
Whatman-Paper	Pall
X-Gal (5-Bromo-4-chloro-3-indoyl-β-D-galactopyranosid)	Roth
$ZnCl_2$	Merck

3.5 Lösungen zur Selektion und Expressionsinduktion

Tabelle 11: Stammlösungen von Antibiotika und Expressionsinduktoren

Antibiotika/Substanz	Konzentration	Lösungsmittel	Herkunft
Ampicillin	150 µg/ml	$H_2O_{deion.}$	Sigma
Kanamycin	50 µg/ml	$H_2O_{deion.}$	Serva
Thiostrepton	25 µg/ml	DMSO	Sigma
X-Gal	20 mg/ml	DMF	Roth
IPTG	200 mg/ml	$H_2O_{deion.}$	Roth
L-Rhamnose	10%	$H_2O_{deion.}$	Serva

3.6 Puffer und Lösungen für verschiedene Methoden

Tabelle 12: Lösungen für Agarose-DNA-Gelelektrophorese

Lösung/Puffer	Zusammensetzung	Konzentration
Agarosegel	Agarose in TAE-Puffer lösen!	1% (w/v)
TAE-Puffer (Laufpuffer)	Tris/HCl NaAc EDTA pH 7,8 (Eisessig)	40 mM 10 mM 1 mM
Ethidiumbromid-Bad	Ethidiumbromid	5 µl/ml
Bromphenolblau (BPB) (Ladepuffer)	BPB Glycerin	0,04% (w/v) 50% (v/v)
Orange G (Ladepuffer)	Tris/HCl Xylencyanol (w/v) Orange G Glycerin EDTA	10 mM 0,03 % (w/v) 0,2 % 60 % 6 mM

Tabelle 13: Lösungen für Eckhardt-Lyse

Puffer/Lösung	Zusammensetzung	Konzentration
E1F-Puffer	Saccharose Ficoll® 400 In TAE-Puffer lösen und nach Autoklavieren sterile Zugabe von: RNase A Lysozym und Ladepuffer BFB	20% (w/v) 7% (w/v) 10 µg/ml 20 mg/ml 0,04%
Agarose/SDS-Gel	Agarose SDS In TAE-Puffer lösen!	1% 0.25%

Tabelle 14: Lösungen zur Isolierung von genomischer DNA

Lösung/Puffer	Zusammensetzung	Konzentration
Lysepuffer	Tris/HCl EDTA Triton x 100 pH 8,0	20 mM 2 mM 1 %
TE-Puffer	Tris/HCl EDTA pH 8,0	10 mM 1 mM
TE/10 % Saccharose	TE-Puffer Sascharose	 10 %
EDTA	EDTA mit $H_2O_{deion.}$ auffüllen pH 8,0	0,5 M
SDS	SDS in $H_2O_{deion.}$	10 %
Kaliumacetat	KAc pH 5,2	3 M

Tabelle 15: Lösungen zur Plasmidisolierung aus E. coli (Minipräparation)

Puffer	Zusammensetzung	Konzentration
P1-Puffer (Resuspensionspuffer)	Tris-HCl EDTA RNase A (sterile Zugabe nach Autoklavieren) pH 8.0 Lagerung bei -4°C.	50 mM 10 mM 100 µg/ml
P2-Puffer (Lyse-Puffer)	NaOH SDS (w/v)	200 mM 1%
P3-Puffer (Neutralisationspuffer)	Kaliumacetat pH 5,5	3 M

Tabelle 16: Lösungen für Transformationsexperimente

Lösung/Puffer	Zusammensetzung	Konzentration
$CaCl_2$-Lösung	$CaCl_2$	100 mM
P-Puffer [nach Okanishi et al., 1974]	Saccharose: in 860 ml $H_2O_{deion.}$ Lösen und autoklavieren. Danach Zugabe der weiteren sterilen Lösungen: 250 mM TES 140 mM K_2SO_4 1 M $MgCl_2$ 40 mM KH_2PO_4 250 mM $CaCl_2$ Spurenelementlsg.	103 g/l 100 ml/l 10 ml/l 10 ml/l 10 ml/l 10 ml/l 2 ml/l
T-Puffer [nach Hopwood et al., 1985]	P-Puffer (siehe oben) + PEG 2000	 0.2 g/ml

Tabelle 17: Lösungen zur Aufreinigung von His-getaggten Fusionsproteinen über Nickel-NTA-Säulen

Lösung/Puffer	Zusammensetzung	Konzentration
Lysepuffer	NaH_2PO_4 $NaCl_2$ Imidazol pH 8,0	50 mM 300 mM 10 mM
Waschpuffer	NaH_2PO_4 $NaCl_2$ Imidazol pH 8,0	50 mM 300 mM 20 mM
Elutionspuffer	NaH_2PO_4 $NaCl_2$ Imidazol pH 8,0	50 mM 300 mM 250 mM

Tabelle 18: Lösungen für die SDS-Polyacrylamid-Gelelektrophorese (SDS-PAGE)

Puffer/Lösung	Zusammensetzung	Konzentration/Menge
Acrylamid-Stammlösung	Acrylamid Bisacrylamid	30 % 0,8 %
Trenngel-Puffer	Tris/HCl, pH auf 8,8 einstellen SDS	1,5 M 0,4 % (w/v)
Sammelgel-Puffer	Tris/HCl, pH auf 6,8 einstellen SDS	0,5 M 0,4 % (w/v)
Trenngel (12%)	Acrylamid Trenngel-Puffer 10 % APS TEMED $H_2O_{deion.}$	12,5 ml 7,5 ml 100 µl 25 µl 10 ml
Sammelgel (6%)	Acrylamid Sammelgel-Puffer 10 % APS TEMED $H_2O_{deion.}$	3 ml 3,75 ml 45 µl 13,5 µl 8,25 ml
Probenpuffer (2x)	Tris/HCl, pH 6,8 SDS Glycerin EDTA Bromphenolblau DTT (frisch eingewogen)	0,125 M 4 % (w/v) 20% (v/v) 2 mM 0,02 % (v/v) 3 % (w/v)
Tris-Glycinpuffer (10x)	Tris Glycin SDS	0,25 M 1,92 M 1% (w/v)
Coomassie-Färbelösung	Coomassie Brilliant Blue Essigsäure (96%) Ethanol	3,04 g 10 % (v/v) 50 % (v/v)
Entfärber	Ethanol Essigsäure (96%)	20 % (v/v) 10 % (v/v)

Tabelle 19: Lösungen für Western Blot

Lösung	Zusammensetzung/ Beschreibung	Konzentration/ Menge
Transferpuffer (E-Blot)	Tris/HCl Glycin Methanol pH 9,2	25 mM 150 mM 20 % (v/v)
TBST-Puffer	Tris/HCl, pH 7,5 $NaCl_2$ Tween 20	10 mM 150 mM 0,05 % (v/v)
Blocking-Reagenz	Milchpulver in 1x TBST	5 % (w/v)
Waschpuffer 1	Milchpulver in 1x TBST	1% (w/v)
Waschpuffer 2	Tris/HCl, pH 7,35	50 mM
Goat Anti-6-His HRP conjugated	Verdünnt in Blocking-Reagenz	1:10.000
Detergent Reagent 1	WESTERN LIGHTNING™*Plus*-ECL Enhanced Luminol Reagent *Plus*, Perkin Elmer	1,5 ml
Detergent Reagent 2	WESTERN LIGHTNING™*Plus*-ECL Oxidizing Reagent *Plus*, Perkin Elmer	1,5 ml

Tabelle 20: Lösungen für den PglE-Enzymassay

Lösung/Puffer	Zusammensetzung	Konzentration
Dialyse-Puffer	Tris/HCl, pH 7,5 $NaCl_2$ Glycerin DTT	20 mM (2,4 g/l) 100 mM (5,8 g/l) 10 % (v/v) 1 mM (0,154 g/l)
0,1 M Phosphatpuffer	Na_2HPO_4 Na_2PO_4 x H_2O pH 7,5	11,93 g/l 2,2 g/l
0,1 M Phenylglyoxylat	Phenylglyoxylat, gelöst in 0,1 M Phosphatpuffer	0,15 g/10 ml
0,1 M L-Glutamat	L-Glutamat, gelöst in 0,1 M Phosphatpuffer	0,2 g/10 ml
0,1 M L-Tyrosin	L-Tyrosin, gelöst in 0,1 M NaOH	0,18 g/10 ml
0,1 M L-Phenylalanin	L-Phenylalanin, gelöst in 0,1 M Phosphatpuffer	0,16 g/10 ml
0,1 M Phenylpyruvat	Phenylpyruvat, gelöst in 0,1 M NaOH	0,16 g/10 ml
0,1 M Hydroxyphenylpyruvat	Hydroxyphenylpyruvat, gelöst in 0,1 M Phosphatpuffer	0,18 g/ 10 ml
10 mM Pyridoxal-5-Phosphat (PLP)	PLP, gelöst in 0,1 M Phosphatpuffer	0,026 g/ 2ml
0,2 mM Phosphorsäure	85 % Phosphorsäure in $H_2O_{deion.}$ verdünnt	5,75 µl/ 500 ml

Tabelle 21: Lösungen zur Aufkonzentrierung von Aminosäuren mittels CHROMABOND®-SA-Säulen

Lösung	Zusammensetzung	Konzentration / Verhältnis
Vorbehandlungslösung	Methanol	100%
Waschlösung 1	Essigsäure/Wasser	5:95 (v/v)
Waschlösung 2	Methanol/$H_2O_{deion.}$	20:80 (v/v)
Elutionslösung	Methanol/Aceton Ammoniak	1:1 (v/v) 5 % (v/v)

Tabelle 22: Weitere Lösungen und Puffer

Lösung/Puffer	Zusammensetzung	Konzentration / Menge
Spurenelementlösung [nach Hopwood *et al.*, 1985]	$FeCl_3*6H_2O$ $ZnCl_2$ $CuCl_2*2H_2O$ $MnCl_2*4H_2O$ $(NH_4)_6Mo_7O_{24}*4H_2O$ $Na_2B_4O_7*10H_2O$ In 1 l $H_2O_{deion.}$ lösen.	200 mg/l 40 mg/l 10 mg/l 10 mg/l 10 mg/l 10 mg/l
L-Prolin-Lösung	L-Prolin	20 % (w/v)
Glycerin-Lösung	Glycerin	90 % (w/v)
NaH_2PO_4/K_2HPO_4 Puffer	1 M NaH_2PO_4-Lsg. 1 M K_2HPO_4-Lsg so zusammen mischen, dass pH 6,8 erreicht wird.	120 g/l 174 g/l
100 mM $MgSO_4$ x H_2O Lösung	$MgSO_4$ x $7H_2O$	24,65 g/l
250 mM TES-Lösung	TES, pH 7,2	57,3 g/l
50 mM NaH_2PO_4 + K_2HPO_4 Lösung	NaH_2PO_4 K_2HPO_4	0,6 g/100 ml 0,87 g/100 ml
Glucose-Lsg.	Glucose	50 % (w/v)
Casaminosäure-Lsg.	Casaminosäure	20 % (w/v)
Glycin	Glycin	20 % (w/v)

3.7 Nährmedien

Alle Mengenangaben beziehen sich auf 1l $H_2O_{deion.}$. Für Festmedien wurde, wenn nicht anders erwähnt, 16 g Agar hinzugegeben.

Tabelle 23: Nährmedien für Streptomyces

Medium	Zusammensetzung	Menge
Cullum-/ SM-Medium	Mannit Sojamehl (vollfett) $MgCl_2$	20 g 20 g 2 g

Tabelle 23: Nährmedien für Streptomyces (Fortsetzung)

Medium	Zusammensetzung	Menge
Hauptkultur (HK)-Medium	Sojamehl (vollfett)	25 g
	Stärke	7,5 g
	Glucose	22,5 g
	Hefeextrakt	3,5 g
	Zinksulfat	0,5 g
	$CaCO_3$	6 g
	pH 6,0 vor Zugabe von $CaCO_3$ einstellen	
NB-Weichagar	Nutrient Broth	8 g
	Agar	5 g
R5-Medium	Saccharose	103 g
	Hefeextrakt	5 g
	Glucose	10 g
	TES	5,75 g
	K_2SO_4	0,25 g
	$MgCl_2$	10,12 g
	Casaminosäuren	0,1 g
	Spurenelement-Lsg.	2 ml
	Agar	18 g
	In 950 ml $H_2O_{deion.}$ lösen. Auf pH 7,2 mit NaOH einstellen.	
	Nach Autoklavieren sterile Zugabe von:	
	0,54 % KH_2PO_4-Lgs.	10 ml
	20% L-Prolin-Lsg.	20 ml
	1 M $CaCl_2$-Lsg.	20 ml
S-Medium	Pepton	4 g
	Hefeextrakt	4 g
	K_2HPO_4	4 g
	KH_2PO_4	2 g
	Glycin	10 g
	In 800 ml $H_2O_{deion.}$ lösen.	
	Glucose	10 g
	$MgSO_4$* $7H_2O$	0,5 g
	In 200 ml $H_2O_{deion.}$ lösen.	
	Getrenntes Autoklavieren!	
SMM-Medium	PEG 6000, gelöst in 819 ml $H_2O_{deion.}$	49,4 g
	100 mM $MgSO_4$ x $7H_2O$ Lsg.	
	250 mM TES, pH 7,2, (+0,05 g L-	25 ml
	Tyrosin)	100 ml
	50 mM $NaPO_4$ + K_2HPO_4 –Lsg.	
	50 % Glucose-Lsg.	10 ml
	Spurenelement-Lsg.	20 ml
	20 % Casaminosäure-Lsg.	1 ml
	20% Glycin	10 ml
	Lösungen nach getrenntem Autokla-	25 ml
	vieren steril zusammen pipettieren.	

Tabelle 23: Nährmedien für Streptomyces (Fortsetzung)

Medium	Zusammensetzung	Menge
Vorkultur (VK) -Medium	Corn Steep Powder	10 g
	Saccharose	15 g
	$(NH_4)_2SO_4$	10 g
	K_2HPO_4	1 g
	$NaCl_2$	3 g
	$MgSO_4$ x $7H_2O$	0,2 g
	$CaCO_3$	1,25 g
	pH 6,9 vor Zugabe von $CaCO_3$ einstellen.	
YEME-Medium	Hefeextrakt	3 g
	Bacto-Pepton	5 g
	Malzextrakt	3 g
	Glucose	10 g
	Saccharose	340 g
	Nach dem Autoklavieren sterile Zugabe:	
	2,5 M $MgCl_2$ x $6H_2O$-Lsg.	2 ml

Tabelle 24: Nährmedien für E. coli

Medium	Zusammensetzung	Menge
LB-Medium (Lennox)	Fertigmedium:	20 g
	Trypton	10 g
	Hefeextrakt	5 g
	$NaCl_2$	5 g
	pH 7,0 ±0,2	
Mineralsalzmedium A (MSA)	Na-Citrat x $3H_2O$	1 g
	$MgSO_4$ x $7H_2O$	0,3 g
	KH_2PO_4	3 g
	K_2HPO_4	12 g
	$NaCl_2$	0,1 g
	$(NH_4)_2SO_4$	5 g
	$CaCl_2$ x $2H_2O$	15 mg
	$FeSO_4$ x $7H_2O$	75 mg
	Vitamin B1	5 mg
	(L-Tyrosin, L-Phenylalanin, L-Glutamat)	(je 0,05 g)
	Spurenelemente-Lsg.	1 ml
	Nach dem Autoklavieren getrennt hinzufügen:	
	3% Glucose-Lsg.	133 ml

3.8 Kultivierung von Bakterien

3.8.1 *Anzucht und Kultivierung von E. coli*

Zur Anzucht von *E. coli* Stämmen in Flüssigmedien werden definierte Mengen LB-Medium (mit 1/1.000-Verdünnung entspr. Antibiotikum-Stammlösung) im Reagenzglas oder im Erlenmeyerkolben (mit Schikane) mit einer Einzelkolonie oder 10-100 µl einer frischen Vor- oder Glycerinkultur beimpft. Inkubiert wird über Nacht im Luftschüttler bei 180 rpm und 37°C.

Die dauerhafte Aufbewahrung erfolgt als Glycerinkultur. Hierfür wird 1 ml der Übernachtkulturen abzentrifugiert, das Pellet vorsichtig in 1ml LB-Medium resuspendiert, mit 200 µl 90%-Glycerin versetzt und bei -20°C weggefroren.

3.8.2 *Anzucht und Kultivierung von Streptomyceten*

Die Anzucht von Streptomyceten erfolgt 2-3 Tage in 100 ml S- oder YEME-Medium bei 30°C im Luftschüttler (180 rpm). Beimpft wird mit 1 ml Glycerinkultur, 10-20 µl einer Sporensuspension, einer Einzelkolonie oder mit homogenisiertem Mycel. Für eine ausreichende Sauerstoffversorgung werden Kolben mit Schikane und Silikonschaumstopfen verwendet. Um ein disperses Wachstum zu gewährleisten, wird in die Kolben eine Spirale eingesetzt. Wenn nötig, werden die Kulturen mit 1/1.000-verdünnter Antibiotikum-Stammlösung zur Selektion versetzt.

Zur Aufbewahrung werden 10 ml einer Kultur 10 min bei 5.000 rpm abzentrifugiert und das pelletierte Mycel in 5 ml S- oder LB-Medium und 1 ml Glycerin (90%) resuspendiert und bei -20°C eingefroren.

3.9 DNA-Präparation

3.9.1 *Isolierung genomischer DNA aus Streptomyceten*

Zur Isolierung der genomischen DNA aus Streptomyceten wird die KAc-Isopropanol-Methode verwendet.

5 ml einer 2-3 Tage alten, in S-Medium angezogenen Streptomycetenkultur werden 10 min bei 3.500 rpm zentrifugiert. Das Pellet wird in 0,5 ml TE-Puffer resuspendiert und nach Zugabe von 20 µl Lysozym (50 mg/ml $H_2O_{deion.}$) 30-60 min im Schüttler bei 37°C inkubiert. Anschließend werden 60 µl 0,5 M EDTA pH 8 und 10 µl Proteinase K (20 mg/ml $H_2O_{deion.}$) zugegeben und für weitere 20

min bei 37°C inkubiert. Darauf folgt die Zugabe von 600 µl 10% SDS und eine Inkubation für 30-60 min bei 50°C bis der Ansatz vollständig klar ist. 350 µl KAc werden hinzupipettiert, der Ansatz durch Invertieren gemischt und für 10 min auf Eis inkubiert. Nach einer 10-minütigen Zentrifugation bei 13.000 rpm wird der Überstand in ein frisches Eppendorfcup überführt und 1 ml Isopropanol zugegeben. Der Ansatz wird durch Invertieren gemischt und 15 min bei 13.000 rpm zentrifugiert. Es wird mit 500 µl 70% Ethanol durch Zentrifugation für 3 min bei 13.000 rpm gewaschen und das Pellet bei 60°C getrocknet. Die DNA wird in 100 µl TE oder $H_2O_{deion.}$ aufgenommen.

3.9.2 *Plasmidisolierung aus E. coli (Minipräparation)*

Die Minipräparation dient der schnellen und preiswerten Isolierung von Plasmid-DNA mittels alkalischer Lyse [Birnboim und Doly, 1979] und ist auch für die rasche Analyse einer größeren Klonanzahl geeignet. Die Methode des Zellaufschlusses und der Plasmidgewinnung entspricht der Qiagenlyse. Allerdings wird bei der Minipräparation die DNA direkt präzipitiert und nicht über Ionenaustauschsäulen aufgereinigt.
Vor der eigentlichen Plasmidisolierung werden Kolonien einer Platte mit einem Zahnstocher jeweils in 5 ml LB-Medium und 5 µl der zur Selektion nötigen Antibiotikum-Stammlösung angeimpft und über Nacht im Luftschüttler bei 37° C und 180 rpm inkubiert.

Je 1 ml der gewachsenen Zellkulturen werden in Eppendorfcups überführt und 2 min bei 5.000 rpm pelletiert. Für die Lyse der Zellen werden 300 µl P1-Puffer + RNase zum Pellet gegeben und dieses durch Vortexen resuspendiert. Es folgt die Zugabe von 300 µl P2-Puffer, Mischung durch Invertieren und Inkubation 5 min bei RT. Dann werden 300 µl P3-Puffer hinzugegeben, die Proben durch Invertieren durchmischt und 10 min auf Eis inkubiert. Es folgt die Abzentrifugation 15 min bei 13.000 rpm, die Überführung von 800 µl des Überstands in neue Eppendorfcups und Zugabe von 700 µl Isopropanol. Wieder wird 15-20 min bei 13.000 rpm zentrifugiert und der Überstand verworfen. Es werden 500 µl vorgekühltes 70% Ethanol zugegeben und weitere 2-3 min bei 13.000 rpm abzentrifugiert. Überstand wird dann wieder verworfen und das DNA-Pellet bei 60°C getrocknet. Anschließend wird das DNA-Pellet in 30-50 µl ddH_2O gelöst.

Mit 2-5 µl der gelösten Plasmid-DNA kann nun eine Kontrollspaltung durchgeführt werden und das Ergebnis dieser über ein Agarosegel analysiert. Die Aufbewahrung der DNA erfolgt bei -20 °C.

3.9.3 *Extraktion von DNA aus dem Agarosegel*

Zur Extraktion von DNA aus Agarosegelen wird das *illustra GFX™ PCR and Gel Band Purification Kit* von GE Healthcare verwendet.

Die entsprechende DNA-Bande wird mittels eines Skalpells aus dem mit Ethidiumbromid angefärbten Agarosegels während der Bestrahlung mit UV-Licht aus dem Gel herausgeschnitten und in ein Eppendorfcup überführt. Danach werden 300 µl Capture-Puffer, wenn die Gelprobe weniger als 300 mg wiegt, ansonsten 1 Gelvolumen (mg=ml) des Capture-Puffers hinzugegeben. Es folgt die Inkubation 15-30 min bei 60°C bis das Gel geschmolzen ist. 600 µl der Probe werden auf die GFX MicroSpin Säule im Sammeltube beladen und 1 min bei RT inkubiert. Dann wird 30 s bei 13.000 rpm abzentrifugiert und der Durchfluss verworfen. Die vorherigen drei Schritte werden wiederholt, bis die gesamte Probe auf die Säule aufgetragen ist. Es folgt die Zugabe von 500 µl Waschpuffer auf die Säule und erneute Abzentrifugation 30 s bei 13.000 rpm. Der Durchfluss wird verworfen. Die Säule wird auf ein neues Eppendorfcup überführt und 25-50 µl des Elutionspuffers oder ddH_2O hinzugegeben. Es folgt die Inkubation 1 min bei RT und Zentrifugation 1 min bei 13.000 rpm. Im Durchfluss sollte sich nun die eluierte DNA befinden. Die Lagerung erfolgt bei -20°C.

3.9.4 *Eckhardt-Lyse*

Die Eckhardt-Lyse [Eckhardt, 1978] ist ein schnelles Verfahren zum Nachweis von Plasmid-DNA aus auf Festmedium wachsenden *E. coli*-Kolonien. Deshalb ist diese Methode vor allem zur Untersuchung einer großen Anzahl von Kolonien geeignet. Die Lyse der Zellen und die Isolierung, Reinigung und Auftrennung von Plasmid-DNA erfolgt direkt im dazu verwendeten Agarose-SDS-Gel. Unter Einwirken des SDS erfolgt die Lyse der Zellen im Gel, wobei die Plasmid-DNA freigesetzt und elektrophoretisch abgetrennt werden kann. Genomische DNA und Zellbestandteile bleiben dagegen in den Taschen zurück.

Mit Hilfe eines sterilen Zahnstochers werden Kolonien in 20 µl E1F-Puffer resuspendiert.

Die Proben werden daraufhin in die Geltaschen eines 1% Agarose / 0,25% SDS-Gels gefüllt und die Gelelektrophorese zunächst 10 min bei einer Spannung von 8 V laufen gelassen. Anschließend wird die Spannung für weitere 30-45 min auf 80-100 V erhöht.

3.10 Agarose-DNA-Gelelektrophorese

Zur Analyse von PCR-Fragmenten, Restriktionsansätzen oder DNA-Isolierungen wird ein 1%iges, bei kleinen DNA-Fragmenten (100-300 bp) ein 2%iges Agarosegel eingesetzt.

Zunächst wird die Agarose in TAE-Puffer bis zur vollständigen Auflösung aufgekocht. Das heiße Agarosegel wird anschließend in eine Gelkammer gegossen und ein Kamm hineingesetzt. Daraufhin folgt die Abkühlung des Agarosegels, bis es vollständig auspolymerisiert ist und die anschließenden Überschichtung dieses mit TAE-Puffer. Die Proben werden zur Dichteerhöhung mit 3-5 µl DNA-Ladepuffer (BPB, Orange G) versetzt und in die Geltaschen gefüllt. Bei einer Spannung von 90-100 V lässt man das Gel ca. 30-45 min laufen. Anschließend wird das Gel im Ethidiumbromidbad 15-30 min gefärbt und unter UV-Licht (312 nm) dokumentiert bzw. fotografiert.

Als DNA-Größenmarker wurde der „GeneRuler 1kb DNA Ladder" von Thermo Scientific mit den Fragmentgrößen 10.000, 8.000, 6.000, 5.000, 4.000, 3.500, 3.000, 2.500, 2.000, 1.500, 1.000, 750, 500, 250 bp und der der „Easy Ladder I" von Bioline mit den Fragmentgrößen 2.000, 1.000, 500, 250 und 100 bp verwendet.

3.11 Polymerase-Kettenreaktion (PCR)

Das typische PCR-Programm besteht aus einem Denaturierungsschritt, bei dem sich die beiden Stränge der Template-DNA trennen, einem Annealing-Schritt, bei dem es zur Hybridisierung der spezifischen Primer an bestimmte Stellen der einzelsträngigen Template-DNA kommt und einem Elongationsschritt, bei dem der bestimmte DNA-Abschnitt durch eine hitzestabile DNA-Polymerase amplifiziert wird. Der Zyklus wird für gewöhnlich 30-35 Mal wiederholt, wodurch eine nahezu exponentielle Amplifikation der Nukleotidsequenz ermöglicht wird.

Für die PCR-Amplifikationen der *pgl*-Gene wird das *Taq DNA-Polymerase* Kit von QIAGEN verwendet und folgende Parameter gewählt:

PCR Ansatz (50 µl):	$H_2O_{deion.}$	30µl
	Q-Solution	10 µl
	10 x Puffer	5 µl
	dNTPs	1µl
	Template	1 µl
	Forward/Reverse Primer	je 1µl
	Polymerase	1µl

PCR Programm (Taq Polymerase):

Schritt	Temperatur	Zeit	Zyklen
Denaturierung	96°C	5 min	1
Denaturierung	96°C	2 min	30-35
Annealing-Gradient	Für die optimale Annealing Temperatur wird von der niedrigsten Schmelztemperatur der beiden Primer 2°C bzw. 4°C abgezogen.		
PCR	72°C	pro 1 kb 1 min	
	72°C	10 min	1

3.12 DNA-Modifizierung

3.12.1 *Restriktion*

Für die Restriktion der verwendeten DNA werden, wie vom Hersteller empfohlen, die entsprechenden Spaltungspuffer für jede Endonuklease verwendet. Zudem wird der Restriktionsansatz je nach Eigenschaften des Restriktionsenzyms 1-2 h bei bestimmten Temperaturen inkubiert.

Reaktionsansatz:	DNA	1-10 µl
	Spaltungspuffer	1-2 µl (1/10 Vol.)
	Endonuklease	0,5-1 µl
	ddH_2O	auf 10-20 µl auffüllen.

Bei einem Doppel- oder Mehrfachverdau der DNA können die Restriktionsenzyme nacheinander oder gleichzeitig inkubiert werden. Dabei muss man auf einen kompatiblen Puffer achten. Sind die Reaktionsbedingungen für die Restriktionsenzyme nicht kompatibel, dann wird das Enzym, welches einen Puffer mit geringerer Salzkonzentration benötigt, zuerst inkubiert.

Wenn nach der Restriktion eine Klonierung ansteht, dann sollten die Restriktionsenzyme zunächst durch eine 20-30 minütige Inkubation bei 65-80°C inaktiviert werden.

3.12.2 *Ligation*

Die DNA-Ligation erfolgt mit der T4-DNA-Ligase. Dieses Enzym katalysiert die Verknüpfung zwischen benachbarten 3‘ OH-Ende und 5‘ Phosphat-Ende doppelsträngiger DNA-Ketten. Zusätzlich wird ATP als Cofaktor und Energieträger benötigt.

Insert und Vektor werden meist im Verhältnis von 1:8 in einem 10-20 µl Gesamtansatz mit 1 µl T4-DNA-Ligase und 1 µl ATP (oder Ligationspuffer) gemischt und über Nacht bei 4°C oder 1-2 h bei RT inkubiert.

3.13 DNA-Transfer bei Bakterien

3.13.1 *Transformation von E. coli mittels der $CaCl_2$-Methode*

3.13.1.1 Herstellung kompetenter Zellen

2-4 ml einer Übernachtkultur werden in 100-300 ml LB-Medium angeimpft und bis zur einer OD_{478} von 0,5-0,6 im Luftschüttler bei 37°C und 180 rpm wachsen gelassen. Die Kultur wird in 50 ml Falcontubes überführt und 10 min bei 5.000 rpm und 4°C abzentrifugiert. Nach vorsichtigem Verwerfen des Überstandes werden die Pellets in je 5 ml eiskaltem 100 mM $CaCl_2$ resuspendiert. Es folgt die Abzentrifugation 10 min bei 5.000 rpm und 4°C und vorsichtiges Verwerfen des Überstandes. Die Pellets werden in je 20 ml eiskaltem 100 mM $CaCl_2$ resuspendiert und 30 min auf Eis inkubiert. Danach wird 10 min bei 5.000 rpm und 4°C abzentrifugiert und der Überstand vorsichtig verworfen. Die Pellets werden anschließend in je 2 ml 100 mM $CaCl_2$-Lösung + 15% Glycin resuspendiert und 15 min auf Eis inkubiert.
Nach vorsichtigem Mischen werden je 200 µl der Zellsuspension auf vorgekühlte Eppendorfcups verteilt und bei -70°C im Ethanolbad schockgefroren. Die Aufbewahrung der kompetenten Zellen erfolgt bei -70°C.

3.13.1.2 Transformation

200 µl kompetenter Zellen werden zunächst auf Eis aufgetaut. Danach werden 5-10 µl der zu transformierenden DNA zu den Zellen geben, die Suspension vorsichtig gemischt und 30 min auf Eis inkubiert. Es folgt die Hitzeschockbehandlung der Zellen durch Inkubation 2 min bei 42°C. Dann wird sofort 1 ml LB-Medium zu den Zellen hinzugegeben und weiter 30 min bei 37°C inkubiert.

Anschließend wird Zellsuspension 1 min bei 14.000 rpm abzentrifugiert, der Überstand verwerfen und das Pellet im Rückfluss resuspendiert. Die Zellen werden dann auf 1-2 entsprechende Selektionsplatten ausplattiert und über Nacht bei 37°C inkubiert.

3.13.2 *Protoplastentransformation von Streptomyces*

3.13.2.1 Herstellung von Protoplasten

30-50 ml einer 2 Tage lang im S-Medium angewachsenen Streptomycetenkultur werden 5 min bei 5.000 rpm abzentrifugiert und der Überstand vorsichtig verworfen. Das Pellet wird in 20 ml P-Puffer resuspendiert und die Suspension erneut 5 min bei 5.000 rpm abzentrifugiert. Der Überstand wird verworfen. Das Pellet wird in 15 ml P-Puffer + Lysozym (1 mg/ml; sterilfiltriert) resuspendiert und die Suspension bis zu ca. 30 min bei 30°C auf dem Schüttler inkubiert. Dabei wird die Protoplastierung nach je 5-10 min der Inkubationszeit mittels Mikroskopie verfolgt. Nach zufriedenstellender Protoplastierung der Zellen werden Mycelreste durch Filtration mittels einer mit Watte gefüllten, sterilen Spritze abgetrennt. Die mycelfreien Zellen werden 5 min bei 5.000 rpm abzentrifugiert und der Überstand vorsichtig verworfen. Anschließend wird das Pellet in 500µl eiskaltem P-Puffer resuspendiert und entweder sofort zur Transformation eingesetzt oder bei -20°C gelagert.

3.13.2.2 Polyethylenglycol (PEG) –induzierte Transformation

Polyethylenglycol erleichtert die Aufnahme freier DNA durch Protoplasten. Zu 100-200 µl Protoplasten werden 5-20 µl der zu transformierenden DNA und 250-500 µl T-Puffer hinzugegeben und vorsichtig durchmischt. Die Zellsuspension wird auf 3-5 R5-Platten ausplattiert und über Nacht bei 30°C inkubiert. Zur Selektion werden die Transformanten mit 1 ml ddH_2O + 5 µl entsprechender Antibiotikum-Stammlösung oder mit 3 ml NB-Weichagar + 10-fach konzentriertes Antibiotikum überschichtet und für weitere 2-3 Tage bei 30°C inkubiert. Zur Verifizierung gewachsener, richtiger Klone werden diese auf LB + Antibiotikum-Platten überstochert und weitere 2-3 Tage bei 30°C inkubiert.

3.14 Blau-Weiß-Methode zur Selektion

Für die Blau-Weiß-Selektion werden jeweils 70 µl 1 M IPTG und 55 µl X-Gal auf LB-Kan-Platten verteilt, die entsprechenden Transformanten ausplattiert und die Platten bei 37°C über Nacht im Brutschrank inkubiert.

3.15 Überexpression der Pgl-Enzyme in *E. coli*

Für die Überexpression der Pgl-Enzyme werden 10 ml LB-Medium (wenn nötig mit 1/1.000-verdünnter Antibiotikum-Stammlösung) in einem 100 ml Erlenmeyerkolben mit der Kultur auf Platte bzw. mit 100 µl einer Glycerinkultur, die das entsprechenden pYT-Konstrukt beinhaltet, angeimpft und über Nacht auf dem Schüttler bei 180 rpm und 37°C inkubiert. Als Kontrolle dient der *E. coli* Stamm mit dem leeren pYT1-Vektor. 2 ml der Vorkultur werden zum Animpfen von 100 ml LB-Medium in einem 500 ml Erlenmeyerkolben mit Schikane eingesetzt und bis zu einer OD_{578} von 0,3-0,5 bei 37°C auf dem Schüttler (180 rpm) angezogen. Durch darauffolgende Zugabe des entsprechenden Induktors (hier: 2 ml 10% Rhamnoselösung) wird die Expression induziert. Die Zellen werden über Nacht oder für einige Stunden weiter bei einer ausgewählten Temperatur (hier: 37°C, 30°C, 18°C) auf dem Schüttler (180 rpm) angezogen und bei einer OD_{578} von ca. 3 durch 10-minütiges Abzentrifugieren bei 5.000 rpm geerntet. Das Pellet wird direkt zur Proteinaufreinigung verwendet oder bei -20°C weggefroren.

3.16 Zellaufschluss mit der French Press

Das Zellpellet wird in 2-3 ml Lysepuffer pro g Nassgewicht resuspendiert und 30 min auf Eis inkubiert. Bei Streptomyceten kann zusätzlich 1 mg/ml Lysozym hinzugegeben werden. Der Aufschluss mittels der French Press erfolgt durch zweimalige Passage bei 700 psi (*E. coli*) bzw. bei 1.000 psi (*Streptomyces*). 1.000 psi (*pounds per square inch*) entsprechen einem Druck von etwa 6,9 MPa. Anschließend werden die Zelltrümmer bei 4°C und 10.000 rpm 20 min abzentrifugiert und das Lysat (=Überstand) zur Proteinaufreinigung eingesetzt. Das Pellet (=unlösliche Fraktion) wird bei Bedarf (z.B. Test auf das Vorhandensein unlöslicher Proteinaggregate) in etwas frischem Lysepuffer resuspendiert und bei -4 °C aufbewahrt. Wenn das Lysat sehr viskos ist, können zusätzlich 10 µg/ml RNase und 5 µg/ml DNase zugegeben und der Ansatz weitere 10-15 min auf Eis inkubiert werden.

3.17 Native Aufreinigung von His-getaggten Fusionsproteinen mit Nickel-NTA Säulen

Die Ni-NTA-Säulen von QIAGEN werden zur Äquilibrierung mit 600 µl Lysepuffer beladen und bei 2500 rpm 1 min lang zentrifugiert. Anschließend werden in zwei Schritten je 600 µl Lysat auf die Säule pipettiert und bei geschlossenem Deckel erneut je 1 min bei 2500 rpm zentrifugiert. Danach wird zweimal mit 600 µl Lysepuffer und im Anschluss daran zweimal mit 600µl Waschpuffer für jeweils 1 min bei 2500 rpm gewaschen. Dabei ist der Deckel der Säulen nicht geschlossen. Die Elution erfolgt in zwei Schritten durch Zugabe von je 200 µl Elutionspuffer mit anschließender Zentrifugation mit geöffnetem Deckel für 1min bei 2500 rpm. Das Eluat wird anschließend in einer SDS-PAGE analysiert. Um die oxidative Wirkung von Imidazol auf die Proteine zu verhindern, wird dem Eluat 0,1 mM DTT (nicht nötig, wenn das Eluat zuvor dialysiert wird (siehe unten)). zugegeben. Zur Aufbewahrung wird das Eluat mit 1/5 90% Glycerinlösung versetzt und bei -20°C gelagert.

Entfernung des Imidazols mittels Dialyse:
Um störende Salze aus der Proteinlösung zu entfernen, wird das Eluat einer Dialyse unterzogen. Hierfür wird die Probe in einen Dialyseschlauch (MWCO 12-14 kDa) überführt und der Schlauch beidseitig mit Klammern gut verschlossen. Anschließend wird der Schlauch in ein 1 l Becherglas mit 0,5 l Dialysepuffer und Magnetfisch getaucht und 2 h auf dem Magnetrührer bei 4°C unter ständigem Rühren inkubiert. Danach wird der Dialysepuffer gewechselt und die Prozedur im frischen Dialysepuffer über Nacht fortgeführt.

3.18 SDS-Polyacrylamid-Gelelektrophorese (SDS-PAGE)

Die Auftrennung von Proteinen in der SDS-PAGE erfolgt mit Hilfe von 12%igen Gelen nach der Methode von Lämmli [Lämmli, 1970]. Die Elektrophorese wird mit einer Mighty Small S250 Gelapparatur (Fa. Hoefer) durchgeführt.
Die Proteinproben werden im Verhältnis 3:2 mit dem Probenpuffer vermischt (30 µl Eluat + 20 µl Probenpuffer) und vor dem Auftragen auf das Gel 5 min bei 100°C gekocht. Durch das Kochen erfolgt der Aufschluss der Zellen.

Als Molekulargewichtsmarker wurde der „PageRuler Prestained Protein Ladder“ mit den Fragmentgrößen 170, 130, 100, 70, 55, 40, 35, 25, 15, und 10 kDa und der „Unstained Protein Molecular Weight Marker“ mit den Fragmentgrößen 116, 66,2, 45, 35, 25, 18,4, 14,4 kDa von ThermoScientific verwendet.

Elektrophoresebedingungen (pro Gel):

Konstante Stromstärke: 20 mA Probenlauf im Sammelgel
40 mA Probenlauf im Trenngel

Fertige Gele werden 15 min in Coomassie Blue gefärbt und anschließend ein bis mehrere Stunden mit Entfärbelösung entfärbt.

3.19 Immunoblotting-Experimente (Western Blot)

3.19.1 *Proteintransfer auf eine Nitrocellulosemembran*

Der Proteintransfer vom SDS-Polyacrylamidgel auf eine Nitrocellulosemembran erfolgt in einer Semi-Dry-Blot-Apparatur mit Graphitelektroden (The W.E.P. Company). Dazu wird die Nitrocellulosemembran für etwa 15 s in $H_2O_{deion.}$ inkubiert. Anschließend werden die Nitrocellulosemembran, das SDS-Gel und sechs Filterpapiere etwa 5 min in Transferpuffer eingelegt. Drei Filterpapiere werden auf die Anode der Semi-Dry-Blot-Apparatur gelegt. Auf diese werden wiederum die Nitrocellulosemembran und anschließend das SDS-Gel vorsichtig ohne Luftblasen auf der Membran platziert. Das Gel wird mit den restlichen Filterpapieren bedeckt. Mit Hilfe einer Glaspipette können eventuell noch vorhandene Luftblasen entfernt werden. Überschüssiger Transferpuffer wird von der Anode abgenommen. Die Kathode (obere Elektrodenplatte) wird parallel zur Anode aufgelegt. Je nach Größe der zu erwartenden Proteine wird der Blot bei 400 mA und 4°C 30-60 min durchgeführt.

Proteinhaltige Nitrocellulosemembranen können in Alufolie eingepackt und gut gegen Austrocknung geschützt mehrere Wochen bei 4°C aufbewahrt werden.

3.19.2 *Immunofärbung (Nachweisreaktion) – Bindung des konjugierten Antikörpers*

Zur Detektion von Fusionsproteinen wird der konjugierte Antikörper Goat anti-6-His HRP conjugated von Biomol eingesetzt. Dieser bindet an den spezifischen His-Tag des Fusionproteins. Durch Zugabe der entsprechenden Substrate emittiert das Konjugat Licht (Chemilumineszenzreaktion).
Die proteinhaltige Nitrocellulosemembran wird zweimal 5 min in TBST gewaschen. Im Anschluss daran wird sie bei RT eine Stunde in Blocking-Puffer inkubiert. Die Membran wird nun zweimal 5 min mit Waschpuffer 1 gewaschen. In

folgendem Schritt wird die Membran für eine weitere Stunde mit einem konjugierten Antikörpergemisch (0,5 µl Goat anti-6-His HRP conjugated, Biomol auf 5 ml Waschpuffer 1) behandelt. Die Membran wird zum Abschluss je zweimal 5 min in Waschpuffer 1 und Waschpuffer 2 gewaschen.

3.19.3 *Visualisierung*

Um die Fusionsproteine detektieren zu können, werden sie mit WESTERN LIGHTNING™-Reagenzien behandelt, die spezifisch an das Antikörperkonjugat binden. Das Antikörperkonjugat trägt eine Meerrettichperoxidase, welche durch Zugabe der Detektionslösungen Licht emittiert (Chemilumineszenz) und somit die Position der entsprechenden Proteine sichtbar macht.

Die gewaschene Nitrocellulosemembran wird mit 1,5 ml WESTERN LIGHTNING™ *Plus*-ECL Enhanced Luminol Reagent *Plus* und 1,5 ml WESTERN LIGHTNING™ Oxidizing Reagent *Plus* für eine Minute bei RT inkubiert. Die Entwicklerlösung wird abgegossen, die Membran abgetropft und mit Hilfe des ChemiDoc™ XRS Systems von BIO-RAD dokumentiert.

3.20 Enzymassay mit der Aminotransferase PglE

3.20.1 *Test der PglE-Reaktion hin zu L-Phg*

Für den PglE-Enzymassay wird das dialysierte HisPglE-enthaltene Eluat verwendet. Als Negativkontrolle dient das dialysierte Eluat der pYT1-Kontrolle.
Es werden 6 verschiedene 5 ml-Ansätze mit potenziellen Substraten und Co-Faktoren entsprechender Endkonzentration wie folgt angesetzt:

Ansatz	**1**	**2**	**3**	**4**	**5**	**6**
Phenylglyoxylat	1 mM					
Pyridoxal-5-Phosphat	10 µM					
Potentielle NH_2-Donoren:						
L-Glutamat	1 mM		-		-	
L-Tyrosin	-		1 mM		-	
L-Phenylalanin	-		-		1 mM	
HisPglE-Eluat	100 µl	-	100 µl	-	100 µl	-
pYT1-Eluat	-	100 µl	-	100 µl	-	100 µl
100 mM Phosphatpuffer	Ansätze werden auf 5 ml damit aufgefüllt.					

Nach 1-stündiger oder über Nacht Inkubation der Ansätze bei RT werden 1 ml Proben gezogen und die Enzymreaktion mit 2 Vol. 0,2 mM Phosphorsäure (2 ml) abgestoppt. 0,5 ml der gestoppten Proben werden in HPLC-Röhrchen überführt und bis zur Analyse des Produktes mittels HPLC-MS/MS (Abschnitt 3.21.2) bei 4°C aufbewahrt.

3.20.2 *Test der PglE-Rückreaktion*

Um die Reversibilität der PglE Aminotransferase zu testen, wird ein Enzymassay mit den entsprechenden Produkten der Hinreaktion (siehe oben) in diesem Fall als Substrate untersucht. Als Negativkontrolle dient der entsprechende Ansatz ohne die Zugabe von HisPglE.

Hierfür werden 4 verschiedene 5 ml-Ansätze mit den Substrate und Co-Faktoren entsprechender Endkonzentration wie folgt angesetzt:

Ansatz	1	2	3	4
L-Phenylglycin	1 mM			
Pyridoxal-5-Phosphat	10 µM			
Phenylpyruvat	1 mM		-	
Hydroxyphenylpyruvat	-		1 mM	
HisPglE Eluat	100 µl	-	100 µl	-
100 mM Phosphatpuffer	Ansätze werden auf 5 ml damit aufgefüllt.			

Nach 1-stündiger oder über Nacht Inkubation der Ansätze bei RT werden 1 ml Proben gezogen und die Enzymreaktion mit 2 Vol. 0,2 mM Phosphorsäure (2 ml) abgestoppt. 0,5 ml der gestoppten Proben werden in HPLC-Röhrchen überführt und bis zur Analyse des Produktes mittels HPLC-MS/MS (Abschnitt 3.21.2) bei 4°C aufbewahrt.

3.21 Untersuchungen der *S. pristinaespiralis pgl::apra*-Mutanten auf akkumulierende Zwischenprodukte des L-Phg-Biosyntheseweges mittels der HPLC-MS/MS

3.21.1 *Anzucht und Aufbereitung der pgl::apra-Stämme für die HPLC-MS/MS*

Die *S. pristinaespiralis pgl::apra*-Stämme sowie der WT-Stamm (Kontrolle) werden jeweils in 100 ml VK-Medium in einem 500 ml Erlenmeyerkolben mit Schikane und Spirale angeimpft und 2-3 Tage bei 30°C auf dem Luftschüttler bei 120 rpm inkubiert. 8 ml der jeweiligen Vorkultur werden in 100 ml HK-Medium im 500 ml Erlenmeyerkolben überimpft und 48 h bei 30 °C auf dem Luftschüttler bei 120 rpm inkubiert. Danach werden 50-100 ml der jeweiligen Kultur bei 5.000 rpm 10 min abzentrifugiert und das Kulturfiltrat (Überstand) in ein neues Falcontube überführt. 20-40 ml jeweiliges Kulturfiltrat werden mit 5 M HCl-Lösung auf pH 1 eingestellt, mit gleichem Volumen an Ethylacetat versetzt und 1-2 h auf Schüttler extrahiert. Anschließend wird die Ethylacetat-Phase von der wässrigen Phase durch Zentrifugation 10 min bei 5.000 rpm getrennt, in einen Rundkolben überführt und bis zur Trockene mittels eines Rotationsverdampfers einrotiert. Der trockene Extrakt wird in 1 ml Methanol aufgenommen und in HPLC-Röhrchen überführt. Die Lösung wird entweder direkt für die HPLC-MS/MS-Analyse eingesetzt oder bei 4°C gelagert.

3.21.2 *HPLC-MS/MS-Analyse zur Detektion von Phenylglycin, Phenylglyoxylat, Hydroxyphenylpyruvat, Phenylalanin und Tyrosin*

Bei der HPLC-MS/MS-Analyse handelt es sich um eine Kopplung der HPLC mit der MS/MS (Tandemmassenspektroskopie). Die HPLC (High Performance Liquid Chromatography) stellt ein chromatographisches Trennverfahren dar, bei dem Substanzen aufgrund ihrer chemischen Eigenschaften durch ihre Wechselwirkungen mit einer stationären Phase (Trennsäule) und einer flüssigen Phase (Eluent) unter hohem Druck aufgetrennt werden. Zur Trennung unpolarer Stoffe wird die Reverse-Phase- (RP-) HPLC verwendet, bei der die stationäre Phase (C18-Säule) unpolarer als die mobile Phase ist. Je stärker die Substanzen hierbei mit der stationären Phase interagieren, desto später werden sie eluiert. Die Dauer zwischen Injektion und Detektion bestimmt die Retentionszeit einer Substanz.

Durch die Kopplung mit einer Massenspektrometrie können Substanzen eines Stoffgemisches nach der HPLC-Auftrennung durch die Bestimmung der Masse identifiziert bzw. detektiert werden. Dabei müssen die Substanzen zunächst in die Gasphase überführt und ionisiert werden. Die entstandenen Ionen werden durch Anlegen eines elektrischen Felds beschleunigt, nach ihrem Masse/Ladungsverhältnis (m/z) von einem Massenanalysator sortiert und von einem Detektor registriert. Der prinzipielle Aufbau eines Massenspektrometers besteht aus den folgenden Teilen: über ein Einlass-System wird die Probe dem Spektrometer zugeführt. Die Ionenquelle sorgt für die Erzeugung gasförmiger Ionen, die im Massenanalysator entsprechend ihres m/z-Verhältnisses im elektrischen Feld getrennt werden. Am Detektor wird die Intensität der Ionen registriert und an ein Datensystem zur Verarbeitung und Auswertung weitergeleitet. Um zu gewährleisten, dass sich die Ionen frei durch das Gerät bewegen können, müssen sich die Bauteile in einem Vakuumsystem befinden.

Um die Selektivität und Sensitivität zu erhöhen, kann eine zweite Massenspektroskopie an die erste gekoppelt werden (MS/MS). Dabei wählt das erste Spektrometer Ionen einer bestimmten Masse aus, die dann im zweiten Spektrometer zu einem weiteren Zerfall (Fragmentierung) angeregt werden.

HPLC-MS-Anlage:

Agilent HPLC-MS-System (Agilent, Waldbronn) bestehend aus:
1200 Binäre Pumpe
1200 Autosampler, thermostatisiert
1200 Säulenthermostat
1200 Diodenarraydetektor mit 10 mm Standard-Flusszelle
LC/MSD Ultra Trap System XCT 6330

Zur Detektion von Phenylglycin (Phg, Masse: 151, 16 g/mol), Phenylglyoxylat (PGLX, Masse: 150,13 g/mol) und Hydroxyphenylpyruvat (OH-PP, Masse: 180, 15 g/mol) wurden folgende Parameter verwendet:

HPLC-Parameter:

Stationäre Phase:	Nucleosil 100 C18 3 µm, 100 x 2 mm ID mit Vorsäule 10 x 2 mm ID (Dr. Maisch GmbH, Ammerbruch)
Säulentemperatur:	40°C
Mobile Phasen:	A: 0,1% Ameisensäure, B: 0,06% Ameisensäure in Acetonitril
Gradient:	t_0=t_3=0% B, t_5=20% B, t_7=t_9=100% B, Posttime 6 min 0% B
Fluss:	400 µl/min
Injektionsvolumen:	2,5 µl
Detektionswellenlängen (Bandbreite):	230 nm (10 nm), 260 nm (20 nm), 280 nm (20 nm), 360 nm (20 nm), 435 nm (40 nm)
Software:	LC/MSD ChemStation Rev. B.01.03, Agilent

MS1-Parameter:

Ionisierung:	ESI positiv (Phg), ESI negativ (PGLX, OH-PP)
Mode:	Ultra Scan
Kapillarspannung:	3,5 kV

Temperatur:	350°C
Zielmasse:	m/z 149 (PGLX),152 (Phg) und 179 ± 1 (OH-PP)
Software:	6300 Series Trap Control Version 6.1, Bruker Daltonik (Agilent, Waldbronn)

MS2-Parameter:

Zielmassen:	pos. MS2 m/z 152 (Phg) neg. MS2 m/z 149 (PGLX) neg. MS2 m/z 179 ± 1 (OH-PP)

Zur Detektion von Phenylglyoxylat (PGLX, Masse: 150,13 g/mol), Phenylalanin (Phe, Masse: 165,19 g/mol) und Tyrosin (Tyr, Masse: 181,19 g/mol) wurde eine andere Methode verwendet, bei der folgende Parameter abgeändert wurden:

HPLC-Parameter:

Gradient:	t_0= 0% B, t_7= 35%, t_8=t_{10}= 100 % B

MS2-Parameter:

Ionisierung:	ESI negativ (PGLX, Phe, Tyr)
Mode:	MRM
Kapillarspannung:	3,5 kV
Temperatur:	350°C
Zielmassen:	m/z 164 (Phe), 149 (PGLX) und 180 ± 1 (Tyr)

3.22 Transkriptionsanalysen mittels RT-PCR

3.22.1 *Anzucht von S. pristinaespiralis Pr11*

Für die Anzucht des *S. pristinaespiralis* Wildtyps Pr11 werden 100 ml VK-Medium in einem 500 ml Erlenmeyerkolben mit Schikane, Spirale, Silikon-schaumstopfen mit einer auf Festmedium gut gewachsenen Kolonie angeimpft. Nach 2-3 Tagen Inkubation bei 30°C und 180 rpm werden 8 ml der Vorkultur in 100 ml frisches HK-Medium in einem 500 ml Erlenmeyerkolben mit Schikane, Spirale, Silikonschaumstopfen überimpft und bei 30°C und 180 rpm inkubiert. Nach 24, 48, 72 und 96 h wird jeweils eine 30 ml Probe entnommen und für die spätere RNA-Isolierung bei -20°C eingefroren.

3.22.2 *Anzucht und Induktion des Überexpressionstamms E. coli Rosetta pRSETB/pgl$_L$*

10 ml LB-Medium mit 10 µl der Ampicillin-Stammlösung werden mit einer auf LB-Amp-Platte gewachsenen Kolonie des *E. coli* Rosetta pRSETB/*pgl$_L$*-Stamms in einem 100 ml Erlenmeyerkolben beimpft und über Nacht bei 37°C und 180 rpm inkubiert. 2 ml von der Vorkultur werden in 50 ml frisches LB-Medium in einem 500 ml Erlenmeyerkolben überimpft und bei 37°C und 180 rpm bis zu einer OD_{578nm} von 0,4-0,6 angezogen. Nach der Induktion mit 0,1 mM IPTG wird die Kultur über Nacht bei 30°C im Luftschüttler bei 180 rpm weiter inkubiert. Schließlich werden 30 ml der Kultur entnommen und für spätere RNA-Isolierung bei -20°C eingefroren.

3.22.3 *RNA-Isolierung mit dem RNeasy Mini Kit (QIAGEN)*

Die RNeasy-Säulen enthalten eine Silikamembran, die als Anionentauscher fungiert, sodass die RNA damit nach dem Prinzip der Affinitätschromatographie aufgereinigt werden kann. Die selektive Bindung der RNA an die Säulen wird durch die optimalen Pufferbedingungen, die durch die im Kit enthaltenen Puffer geschaffen werden, gewährleistet. Zusätzlich enthalten die Puffer chaotrope Guanidin-Salze, die die Inaktivierung von RNasen bewirken. Da RNasen überall in hohen Konzentrationen vorhanden sind, werden für alle Arbeitsschritte doppelt autoklavierte Materialien und Latex-Handschuhe verwendet.

Für die RNA-Isolierung werden 5-10 ml der Probenkultur für 10 min bei 5.000 rpm zentrifugiert. Das Pellet wird in 2 ml RNA Protect Bacteria Reagenz resuspendiert, 5 s gevortext und nach 5-minütiger Inkubation bei RT nochmal 5 min bei 5.000 rpm abzentrifugiert. Danach wird es in 600 µl TE-Puffer mit Lysozym (10 mg/ml) resuspendiert, wieder gut gevortext und für 10-20 min bei RT inkubiert. Anschließend werden 200 µl in ein 2 ml Reaktionsgefäßmit 0,5 g Glaskügelchen (Beads) und einem Schraubdeckelüberführt und durch 2 x 20 s Behandlung in der Precellys®24homogenisiert(die restliche Probe wird bei -70°C eingefroren). Nach Zugabe von 700 µl RLT-Puffer mit β-Mercaptoethanol (10 µl β-Me/1 ml RLT) wird wieder gut gevortext und 2 min bei 13.000 rpm zentrifugiert. Der Überstand wird in ein 2 ml Reaktionsgefäß überführt und mit 500 µl 96-100% Ethanol versetzt. Dieser Ansatz wird vorsichtig gemischt, 700 µl Aliquoten auf die RNeasy Spin Column gegeben, 1 min bei 10.000 rpm zentrifugiert und der Durchfluss verworfen. Anschließend werden 350 µl RW1-Puffer auf das Säulen gegeben, wieder 1 min bei 10.000 rpm zentrifugiert und der Durchfluss verworfen. Nun erfolgt der erste DNase Verdau. Hierzu wird ein

Ansatz bestehend aus 70 µl H_20_{deion}, 8 µl DNase Puffer und 2 µl DNase auf das Säulen gegeben und 15-20 min bei RT inkubiert. Nach der Inkubationszeit erfolgt ein weiterer Waschschritt mit 350 µl RW1-Lösung und 1-minütiger Zentrifugation bei 10.000 rpm. Das Säulen wird in ein neues 2 ml Reaktionsgefäß gestellt und 2 x 500 µl RPE-Puffer auf das Säulen gegeben. Die erste Zentrifugation erfolgt 1 min, die zweite 2 min bei jeweils 10.000 rpm. Nun wird das Säulen in ein neues 1,5 ml Eppendorfcup gestellt und die RNA mit 40 µl H_2O_{deion}. nach 1-minütiger Inkubation und anschließender Zentrifugation für 2 min bei 10.000 rpm eluiert. Bei Bedarf kann man nochmal mit dem Eluat eluieren. Um letzte DNA-Reste zu entfernen, erfolgt ein zweiter DNase-Verdau. Hierzu werden der eluierten RNA 5 µl DNase Puffer und 5 µl DNase zugegeben und der Ansatz für 1,5 Stunden bei 37°C inkubiert. Anschließend wird die Reaktion der DNase durch Zugabe von 10 µl mM EDTA und 10-minütiger Inkubation bei 65°C gestoppt. Mittels der NanoDrop wird die Konzentration der RNA bestimmt.

3.22.4 *Reverse-Transkriptase-Polymerase-Kettenreaktion (RT-PCR)*

Bei der RT-Reaktion erfolgt mit Hilfe des Enzyms Reverse-Transkriptase die Umschreibung von RNA zu cDNA. Hierfür wird folgender Ansatz in ein PCR-Tube pipettiert:

1-3 µg	RNA
1 µl	Random Nanomer (Primer)
	Mit $H_2O_{deion.}$ (RNase frei) auf 11 µl auffüllen.

Der Ansatz wird 5 min bei 70°C inkubiert und auf Eis gestellt. Es werden weitere Komponenten hinzupipettiert:

4 µl	Reaction Buffer
1 µl	dNTPs
1µl	Ribonuclease Inhibitor
3 µl	$H_2O_{deion.}$

Der Ansatz wird für 5 min bei 25°C inkubiert. Es folgt die letzte Komponente:

1 µl Reverse Transkriptase

Der komplette Ansatz wird 10 min bei 25°C und anschließend 60-90 min bei 42°C inkubiert.
Die mit Hilfe der RT-Reaktion hergestellte cDNA kann entweder direkt für die PCR eingesetzt oder bei -20°C gelagert werden. Für die PCR zur Amplifikation der cDNA werden 1 µl cDNA pro 50 µl PCR-Ansatz eingesetzt. Die verwendeten Primer sind oben aufgeführt.

3.23 Nachweis heterologer Phenylglycinproduktion mittels der GC-MS

3.23.1 *Heterologe Expression der pgl-Operone in E. coli*

Für die Expression der jeweiligen *pgl*-Operone (*pgl_D* und *pgl_L*) wurden die Plasmide pRSETB/*pgl_D*, pRSETB/*pgl_L* und pRSETB/*synth.pgl_D* und die *E: coli*-Stämme DH5α, Rosetta pLys und XL1 Blue verwendet.

Die jeweiligen Stämme werden in 10 ml Minimalmedium (MSA) mit je 10 µl Ampicillin-Stammlösung in 100 ml Erlenmeyerkolben angeimpft und über Nacht im Schüttler bei 180 rpm und 30°C angezogen. Als Negativkontrolle dienen die jeweiligen *E. coli*-Stämme mit dem leeren pRSETB Vektor. 4 ml der jeweiligen Vorkultur werden in 500 ml Erlenmeyerkolben mit 50 ml des jeweiligen Mediums überführt und auf dem Schüttler bei 180 rpm und 30°C angezogen. Beim Erreichen einer OD_{620} (MSA) von 0,6 wird die Expression der *pgl*-Operone mit 0,1-1 mM IPTG induziert und weiter über Nacht bei 30°C im Schüttler (180 rpm) inkubiert. Danach werden die Zellen in Falcontubes überführt und durch 10 minütige Zentrifugation bei 5.000 rpm geerntet. Der Überstand wird in ein neues Falcontube überführt. Das Zellpellet wird in etwas Medium resuspendiert und mittels French Press aufgeschlossen. Anschließend wird das Lysat mit dem Kulturüberstand vereinigt, mittels des Rotationsverdampfers etwas eingeengt und für die Aufkonzentrierung der Aminosäuren bereitgestellt.

3.23.2 *Heterologe Expression der pgl-Operone in S. lividans*

Zur heterologen Überexpression der beiden *pgl*-Operone in *S. lividans* wurden die Plasmide pRM4/*pgl_D* und pRM4/*pgl_L* verwendet. Als Negativkontrolle diente der leere pRM4 Vektor.

Die jeweiligen Stämme werden in 500 ml Erlenmeyerkolben (mit Schikane, Edelstahlfeder und Silikonschaumstopfen) mit 100 ml SMM- und S-Medium + je 100 µl Apramycin-Stammlösung angeimpft und 2-3 Tage bei 30°C auf dem Schüttler (120 rpm) angezogen. 8 ml der jeweiligen Vorkultur werden in 500 ml Erlenmeyerkolben (mit Schikane, Edelstahlfeder, Silikonschaumstopfen) mit 100 ml des entsprechenden Mediums überimpft. Nach 2-3-tägiger Anzucht bei 30°C auf dem Schüttler (120 rpm) werden die Zellen in Falcontubes (50 ml) durch 10-minütige Abzentrifugation bei 5.000 rpm geerntet. Der Überstand wird in ein neues Falcontube überführt. Das jeweilige Zellpellet wird in etwas Medium resuspendiert und mittels French Press aufgeschlossen. Anschließend wird das Lysat mit dem entsprechenden Kulturüberstand vereinigt, mittels des Rotationsverdampfers etwas eingeengt und für die Aufkonzentrierung der Aminosäuren bereitgestellt.

3.23.3 *Aufkonzentrierung der Aminosäuren*

Mit Hilfe der CHROMABOND®-SA-Säulen lassen sich kationische Aminosäuren aus den entsprechenden Proben aufkonzentrieren. Hierfür werden die eingeengten Proben auf einen sauren pH Wert (2-5) eingestellt und anschließend mit Unterdruck oder 1 minütiger Zentrifugation bei 2.000 rpm durch die Säulen gezogen. Zunächst wird die Säule mit 3 ml Methanol und im Anschluss mit 3 ml $H_2O_{deion.}$ vorbehandelt. Im nächsten Schritt wird die Säule mit der Probe beladen. Insgesamt sollte das Probenvolumen 1.000 ml nicht überschreiten. Durch Zugabe von 3 ml Waschlösung 1 werden Verunreinigungen entfernt. Im zweiten Waschschritt werden 3 ml Waschlösung 2 auf die Säule geladen um neutrale und saure Bestandteile zu entfernen. Im Elutionsschritt wird zweimal mit 2 ml der Elutionslösung eluiert. Die zu eluierenden Substanzen werden in einem frischen Falcontube (15 ml) aufgefangen, 0,5-1 ml der Eluate in GC-MS-Röhrchen überführt und bei RT unter dem Abzug stehen gelassen, bis ein Großteil des Lösungsmittels verdunstet ist. Anschließend werden die Proben für die GC-MS-Analyse weiter aufbereitet.

3.23.4 *Probenaufbereitung für die GC-MS*

Die Probenaufreinigung der Aminosäuren kann nur erfolgen, wenn die Proben komplett trocken sind. Hierfür werden die zuvor eingeengten und mittels der CHROMABOND®-SA-Säulen aufkonzentrierten und in die GC-MS-Röhrchen überführten Proben unter dem Abzug bei RT solange stehen gelassen, bis das

Lösungsmittel komplett verdampft ist. Sollte dies nicht zutreffen, so werden Lösungsmittelrückstände vorsichtig mit Stickstoff abgeblasen. Danach werden die Trockenprodukte in 100 µl 1,25 M Methanol/HCl aufgenommen (die Probe sollte komplett bedeckt sein) und für 30 min bei 110°C auf dem Heizblock unter dem Abzug inkubiert. Dabei ist sicherzustellen, dass die Röhrchen gut zugeschraubt sind. In diesem Schritt wird die in diesem Fall zu untersuchende Aminosäure Phenylglycin mit Methanol zu Phenylglycinmethylester verestert (Abbildung 11).

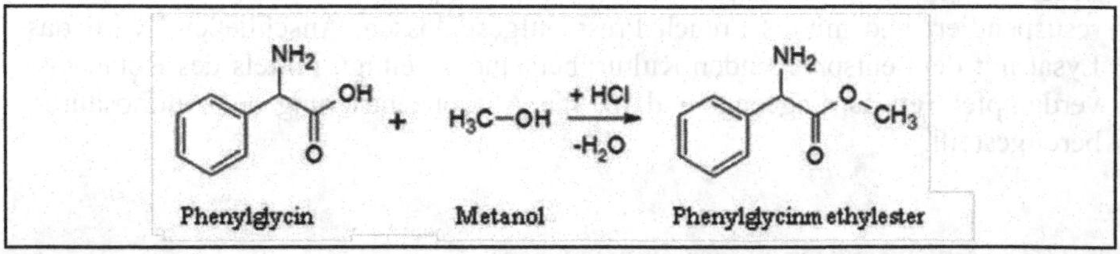

Phenylglycin Metanol Phenylglycinmethylester

Abbildung 11: Veresterung von Phenylglycin mit Methanol/HCl zu Phenylglycin-methylester.

Im Anschluss lässt man die Röhrchen kurz abkühlen und bläst das Lösungsmittel bei 110°C vorsichtig mit Stickstoff ab. Die Probe wird nun in 200 µl Dichlormethan gelöst und 20 µl Essigsäureanhydrid hinzugegeben. Bei einer weiteren Inkubation von 10 min bei 110°C auf dem Heizblock erfolgt die Acylierung des Esters (Abbildung 12).

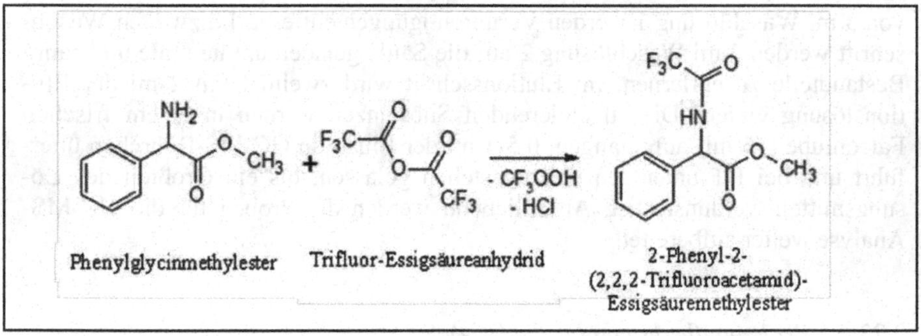

Phenylglycinmethylester Trifluor-Essigsäureanhydrid 2-Phenyl-2-(2,2,2-Trifluoroacetamid)-Essigsäuremethylester

Abbildung 12: Acylierung des Phenylglycinmethylesters zu 2-Phenyl-2-(2,2,2-Trifluoracetamid)-Essigsäuremethylester.

Die Röhrchen werden auf Eis gekühlt und bei RT sehr vorsichtig mit Stickstoff abgeblasen. Bis zur Untersuchung mit der GC-MS können die aufbereiteten

Proben im Kühlschrank gelagert werden. Erst unmittelbar vor der Analyse mit der GC-MS werden die Proben erneut in Dichlormethan aufgenommen und in die GC-MS eingespritzt.

Die chemisch modifizierte Aminosäure Phenylglycin (unabhängig von der Enantiomerform) zeigt in der MS ein spezifisches Fragmentierungsmuster, wobei zur Identifizierung von Phenylglycin vorwiegend nach den Fragmentmassen 79, 107, 202, 229 und 261 gesucht wird (Tabelle 25).

Tabelle 25: Masse (m/z) und Strukturformel der Fragmente des chemisch modifizierten Phenylglycins in der GC-MS, die zur Identifizierung von Phenylglycin dienen.

m/z-Verhältnis	Strukturformel	m/z-Verhältnis	Strukturformel
79	+	**229**	F_3C, O, N, O
107	NH_2		
202	F_3C, O^-, N	**261**	F_3C, O, NH, O, CH_3, O

3.23.5 *GC-MS*

Mit Hilfe eines Gaschromatographen (GC) können Analysegemische in einzelne chemische Verbindungen aufgetrennt werden. Als mobile Phase dient ein nichtreaktives Gas (Inertgas), welches die Stoffe als Trägergas über eine Trennsäule transportiert. Die eingespritzte Probesubstanz bzw. das eingespritzte Gemisch wandert dabei je nach Polarität und Dampfdruck unterschiedlich schnell an der stationären Phase der Säule entlang. Ein Detektor am Säulenende misst den Austrittszeitpunkt (Retentionszeit) und die Menge der Substanz. Diese Daten können mit Standardsubstanzen verglichen werden und dadurch auf die Substanz bzw. Substanzen der Probe rückgeschlossen werden.

Bei der GC-MS-Analyse ist ein Gaschromatograph (GC) mit einem Massenspektrometer (MS) gekoppelt. Mittels Massenspektrometrie kann die Masse von Atomen und Molekülen bestimmt werden. Dazu wird die zu untersuchende Substanz in die Gasphase überführt und durch Elektronenstoß-Ionisation ionisiert. Die Ionen werden in einem Quadrupol-Analysator getrennt und in einem Faraday-Cup detektiert. Durch die Kombination von GC und MS können die Proben sehr genau auf das Vorhandensein bestimmter Substanzen analysiert werden.

Geräteausstattung:

Gaschromatograph:	GC-17A (Shimadzu)
Massendetektor:	QP5000 (Shimadzu)
Säule:	Kapillarsäule Lipodex-E Länge 25 m Innendurchmesser 0,25 mm Schichtdicke 0,25 µm
Temperaturprogramm:	90-190°C, 4°C pro Minute 190°C, 5min isotherm
Injektortemperatur:	220°C
Detektortemperatur:	220°C
Split:	1:15
Säulendruck:	0,1 [kPa]
Säulenfluss:	0,4 ml/min
Total Flow:	6,5 ml/min

3.24 Verwendete Software und Internetdienste

Software:

- Clone Manager Professional Suite. Copyright © 1994-2004, Scientific & Educational Software
- ACD/ChemSketch Freeware Version 12.0 von ACD/Labs (Download-link: http://www.chip.de/downloads/ChemSketch_36574377.html)

Internetdienste:

- Literatur-Recherche: http://www.ncbi.nlm.nih.gov/sites/entrez?db=pubmed
- Sequenzvergleiche von Nukleotid- und Proteinsequenzen (BLAST): http://www.ncbi.nlm.nih.gov/BLAST/Blast.cgi
- Pfam-Datenbank: http://pfam.sanger.ac.uk/
- PROSITE-Datenbank: http://prosite.expasy.org/

4 Ergebnisse

4.1 Biochemische Analyse des L-Phenylglycin-Biosyntheseweges in *S. pristinaespiralis*

In früheren Arbeiten konnten die Biosynthesegene (*pglA*, *pglB*, *pglC*, *pglD* und *pglE*) der aproteinogenen Aminosäure L-Phenylglycin (L-Phg), das als Baustein für das Peptid-Antibiotikum Pristinamycin I (PI) dient, in *S. pristinaespiralis* identifiziert, ihre Beteiligung an der L-Phg-Biosynthese mit Hilfe von Mutationsanalysen nachgewiesen und ein putativer Biosyntheseweg aufgestellt werden [Mast et al., 2011a; Kocadinc, 2011]. Bislang konnte dieser vorgeschlagene L-Phg-Biosyntheseweg allerdings noch nicht verifiziert werden, da die hierfür nötigen Enzymassays mangels erfolgreicher Expression der jeweiligen Pgl-Enzyme nicht durchgeführt werden konnten [Kübler, 2012].

In dieser Arbeit sollte mit Hilfe einer anderen Expressionsstrategie versucht werden, die *pgl*-Gene in geeignete Expressionsvektoren zu klonieren und die entsprechenden Enzyme PglA, PglBC, PglD und PglE heterolog in *E. coli* zu exprimieren und aufzureinigen. Anschließend sollten die von den jeweiligen Pgl-Enzymen katalysierten Reaktionen in Enzymassays untersucht werden. Zudem sollte auf die Funktion der jeweiligen Pgl-Enzyme rückgeschlossen werden, indem eine mögliche Akkumulation von Zwischenprodukten des L-Phg-Biosyntheseweges in den *S. pristinaespiralis pgl::apra*-Mutanten untersucht wird.

4.1.1 *Plasmidkonstruktion und heterologe Expression der Pgl-Enzyme in E. coli unter Verwendung nativer pgl-Gene*

4.1.1.1 Klonierung der nativen *pgl*-Gene in den Expressionsvektor pYT1

Für die heterologe Expression der Pgl-Enzyme wurde der Expressionsvektor pYT1 gewählt, da er sich aufgrund der Ergebnisse einer vorangegangenen Arbeit am geeignetsten erwies [Kübler, 2012]. Dieser Vektor besitzt das *egfp*-Gen, welches für das grün-fluoreszierende Protein GFP kodiert, das allerdings für diese Versuche nicht relevant ist. Außerdem trägt er einen Rhamnose-induzierbaren Promotor (P*rha*) und das β-Lactamase-kodierende Gen *bla*, das eine Ampicillinresistenz vermittelt und zur Selektion verwendet werden kann.

Für die Klonierung wurden die Gene *pglA*, *pglB*, *pglC*, *pglD* bzw. *pglE* mittels PCR unter Verwendung der spezifischen Primerpaare hisPglAfw/rev, hisPglBCfw/hisPglBrev, hisPglCfw/hisPglBCrev, hisPglDfw/rev, hisPglEfw/rev (Abschnitt 3.3) und der Taq-Polymerase amplifiziert. Als Template diente die Cosmid-DNA 3/34, welche das komplette pgl_L-Operon enthält [Mast et al., 2011a]. Die entsprechenden Primer wurden so designt, dass am 5'-Ende eine *Nde*I- und am 3' Ende eine *Hin*dIII-Schnittstelle im Amplifikat vorliegt, die für die Klonierung der *pgl*-Fragmente in den Expressionsvektor pYT1 benötigt werden. Zudem wurde über die Primer die Sequenz für einen 6xHis-Tag an das 5'-Ende der jeweiligen *pgl*-Fragmente angebracht. Somit ist der His-Tag N-terminal im entsprechenden Pgl-Fusionsprotein lokalisiert und ermöglicht eine Aufreinigung der exprimierten HisPgl-Proteine mittels Nickel-NTA-Säulen.

Die auf diese Weise erhaltenen Amplifikate *hispglA* (1436 bp), *hispglB* (1088 bp), *hispglC* (1070 bp), *hispglD* (884 bp) und *hispglE* (1343 bp) (Abbildung 13) wurden mit dem Kloniervektor pDrive ligiert und die Plasmide nach *E. coli* XL1 Blue transferiert. Neben der vom pDrive-Vektor vermittelten Antibiotika-Resistenz (Kan^R, Amp^R) diente zusätzlich die Blau-Weiß-Methode als Selektion für richtige Transformanten. Anschließend wurden die jeweiligen *hispgl*-Fragmente aus den auf diese Weise erhaltenen Plasmiden pDrive/*hispglA*, pDrive/*hispglB*, pDrive/*hispglC*, pDrive/*hispglD* und pDrive/*hispglE* als *Nde*I/*Hin*dIII-Fragmente isoliert und mit dem 4,3 kb-Fragment des *Nde*I/*Hin*dIII geschnittenen pYT1-Vektors ligiert. Somit wurde das *egfp*-Gen des pYT1-Vektors jeweils durch die *hispgl*-Gene ersetzt, wobei sich diese dann unter der Kontrolle des Rhamnose-induzierbaren Promotors *Prha* befanden. Die entsprechenden Ligationsansätze wurden zur Transformation von *E. coli* XL1 Blue verwendet und die Transformanten auf LB-Medium mit Ampicillin selektioniert. Die jeweiligen Plasmide wurden aus den Transformanten isoliert und mittels Kontrollspaltung analysiert. Auf diese Weise wurden die Expressionsplasmide pYT/*hispglA*, pYT/*hispglB*, pYT/*hispglC*, pYT/*hispglD* und pYT/*hispglE* (Abbildung 14; Karten siehe Anhang) erhalten.

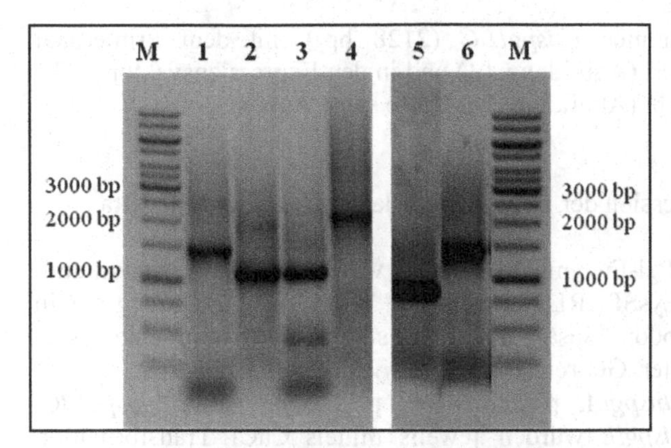

Abbildung 13: Gelelektrophoretischer Nachweis der Amplifikate *hispglA* (1), *hispglB* (2), *hispglC* (3), *hispglBC* (4), *hispglD* (5) und *hispglE* (6) in einem 1% Agarosegel. (M) 1kb GeneRuler (Thermo Scientific). Annealing-Temp. während PCR: 66°C (1-4) und 64°C (5,6).

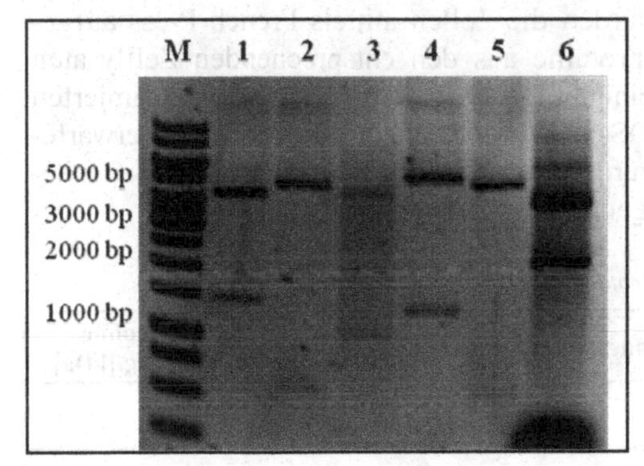

Abbildung 14: Gelelektrophoretische Analyse der Kontrollspaltungen von den pYT/*hispgl*-Plasmiden in einem 1%-Agarosegel. (1) pYT/*hispglA* mit *Sph*I gespalten (4,3 + 1,4 kb); (2) pYT/*hispglB* mit *Sph*I gespalten (4,8 + 0,6 kb); (3) pYT/*hispglC* mit *Sal*I gespalten (4,3 + 1 kb); (4) pYT/*hispglBC* mit *Eco*RI gespalten (5,1 + 1,3 kb); (5) pYT/*hispglD* mit *Sph*I gespalten (4,6 + 0,5 kb); (6) pYT/*hispglE* mit *Pvu*II gespalten (3,6 + 2 kb). (M) 1 kb GeneRuler (Thermo Scientific).

Aufgrund der mutmaßlichen funktionalen Kopplung der beiden Genprodukte PglB und PglC, bei denen es sich möglicherweise um eine α- und β-Untereinheit eines Pyruvatdehydrogenase-ähnlichen Komplexes handelt, ist es sinnvoll, die beiden Proteine als Komplex aufzureinigen. Deshalb wurden die Gene *pglB* und *pglC* nicht nur einzeln (*hispglB* und *hispglC*), sondern nach der oben aufgeführten Methode auch zusammen (*hispglBC* (2128 bp)) mit dem Primerpaar hisPglBCfw/rev amplifiziert (Abbildung 13) und in den Expressionsvektor pYT1 (pYT/*hispglBC*) eingebracht (Abbildung 14; Karte siehe Anhang).

4.1.1.2 Heterologe Expression der pYT/*hispgl*-Plasmide in *E. coli* Rosetta

Für die Expression der Pgl-Enzyme in *E. coli* wurde der Expressionsstamm *E. coli* Rosetta 2(DE3)/pLysSPARE2 gewählt, da dieser, zur Erkennung der in *E. coli* selten genutzten Codons, zusätzliche tRNAs kodiert und somit eine bessere Expression rekombinanter, GC-reicher *Streptomyces*-Gene ermöglicht.

Die Plasmide pYT/*hispglA*, pYT/*hispglB*, pYT/*hispglC*, pYT/*hispglBC*, pYT/*hispglD* und pYT/*hispglE* wurden jeweils mittels $CaCl_2$-Transformation nach *E. coli* Rosetta transferiert. Als Negativkontrolle diente der entsprechende *E. coli* Stamm mit dem nativen Vektor pYT1, der das *egfp*-Gen trägt. Die Expressionsstämme wurden in LB-Medium angezogen und die Kulturen bei einer OD_{578} von 0,3-0,5 mit 0,2 % Rhamnose zur Expression induziert. Nach einer Inkubation über Nacht bei 37°C wurden die Zellen mittels French Press aufgeschlossen und die HisPgl-Fusionsproteine aus den entsprechenden Zelllysaten über Nickel-NTA-Säulen aufgereinigt. Der Nachweis der überexprimierten HisPgl-Proteine erfolgte mittels SDS-PAGE und Western Blot. Die zu erwarteten Größen der HisPgl-Proteine wurden ausgehend von den jeweiligen Gensequenzen mit Hilfe des Clone Manager Programms ermittelt (Tabelle 26).

Tabelle 26: Ermittelte Größen der Pgl-Proteine mit und ohne His-Tag.

Plasmid	**Expressionsprodukt**	**Größe mit His-Tag [kDa]**	**Größe ohne His-Tag [kDa]**
pYT/*hispglA* pYT/*synth. hispglA*	HisPglA	51,8	51,0
pYT/*hispglB* pYT/*synth.hispglB*	HisPglB	38,2	37,4
pYT/*hispglC* pYT/*synth.hispglC*	HisPglC	37,8	37,0
pYT/*hispglBC* pYT/*synth.hispglBC*	HisPglBC	75,2	74,4
pYT/*hispglD* pYT/*synth.hispglD*	HisPglD	30,9	30,1
pYT/*hispglE*	HisPglE	47,7	46,9
pYT/*synth.hishpgAT*	HisHpgAT	48, 0	47,1

Die SDS-PAGE-Analyse ergab im Falle der Expressionsprobe mit dem pYT/*hispglE* Plasmid neben unspezifischen Proteinbanden eine eindeutige Proteinbande mit einer dem HisPglE-Fusionsprotein spezifischen Größe von ca. 48 kDa (Tabelle 26), die in der Negativkontrolle (pYT1-Expressionsprobe) nicht vorkam (Abbildung 15, A). Daraus lässt sich schließen, dass die Expression von HisPglE erfolgreich war. Auch in der darauffolgenden Western Blot-Analyse mit konjugierten Anti-His-Tag-Antikörpern konnte die HisPglE-spezifische Proteinbande detektiert (Abbildung 15, B) und der Erfolg der HisPglE-Expression somit verifiziert werden. Im Vergleich dazu konnte keine Expression der anderen HisPgl-Proteine festgestellt werden. Weder in der SDS-PAGE- noch in der Western Blot-Analyse konnten HisPglA (~52 kDa), HisPglB (~ 38 kDa), HisPglC (~ 38 kDa), HisPglBC (~ 75 kDa) und HisPglD (~ 31 kDa) spezifische Proteinbanden in den entsprechenden Expressionsproben mit den jeweiligen pYT/*hispgl* Plasmiden detektiert werden (Abbildung 15).

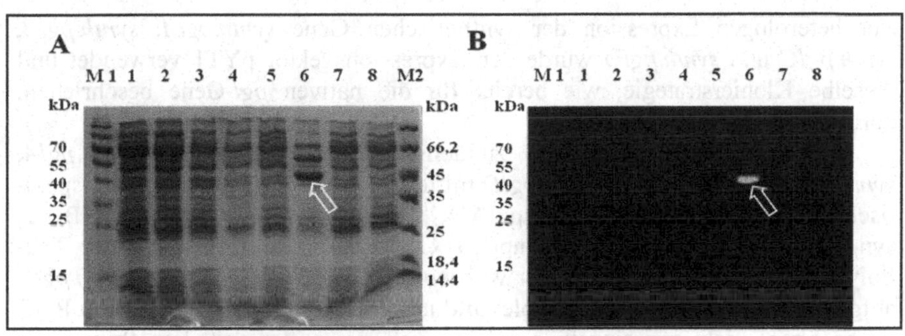

Abbildung 15: SDS-PAGE- (A) und Western Blot-Analyse (B) der aufgereinigten Expressionsproben mit den jeweiligen pYT/*hispgl* Plasmiden. Die Anzucht der induzierten Expressionsstämme erfolgte über Nacht bei 37°C. (1) Eluat pYT1; (2) Eluat pYT/*hispglA*; (3) Eluat pYT/*hispglB*; (4) Eluat pYT/*hispglC*; (5) Eluat pYT/*hispglD*; (6) Eluat pYT/*hispglE*; (7, 8) Eluat pYT/*hispglBC*. (M1) PageRuler Prestained Protein Ladder (Thermo Scientific).(M2) Unstained Protein Molecular Weight Marker (Thermo Scientific). Weißer Pfeil markiert die HisPglE-spezifische Bande.

Zusammenfassend lässt sich sagen, dass die Überexpression von HisPglE in *E. coli* erfolgreich war, sodass dieses Enzym zur weiteren biochemischen Untersuchung im Enzymassay verwendet werden konnte (Abschnitt 4.1.4). Warum die Expression der anderen HisPgl-Proteine erfolglos war, ist unklar. Die Überprüfung einer möglichen Bildung von unlöslichen Proteinaggregaten, sogenannte *inclusion bodies*, wurde in diesem Fall nicht durchgeführt und kann deshalb nicht ausgeschlossen werden.

4.1.2 *Plasmidkonstruktion und heterologe Expression der Pgl-Enzyme in E. coli unter Verwendung synthetischer pgl-Gene*

Da die Expression der HisPglA, HisPglB-, HisPglC- und HisPglD- Proteine unter Verwendung der nativen *pgl*-Gensequenzen in *E. coli* Rosetta nicht erfolgreich war, wurde vermutet, dass dieser Stamm, trotz zusätzlicher tRNAs für seltene Codons, nicht in der Lage ist, die entsprechenden *pgl*-Gene in Proteine umzuschreiben. Aus diesem Grund sollte die Expression der Enzyme PglA, PglB, PglC und PglD in *E. coli* durch die Verwendung synthetischer *pgl*-Gene, in denen die GC-reichen Codons in AT-reiche umgeschrieben und damit an die Codon Usage von *E. coli* angepasst wurden, realisiert werden.

4.1.2.1 Klonierung der synthetischen *pgl*-Gene in den Expressionsvektor pYT1

Zur heterologen Expression der synthetischen Gene *synth.pglA*, *synth.pglB*, *synth.pglC* und *synth.pgl*D wurde der Expressionsvektor pYT1 verwendet und dieselbe Klonierstrategie, wie bereits für die nativen *pgl*-Gene beschrieben, durchgeführt (Abschnitt 4.1.1).

Für die Klonierung wurden zunächst die jeweiligen Gene *synth.pglA*, *synth.pglB*, *synth.pglC* und *synth.pglD* mittels PCR unter Verwendung der spezifischen Primerpaare synpglAex1/ex2, synpglBCex1/synpglBex2, synpglCex1/synpglBCex2 und synpglDex1/ex2 (Abschnitt 3.3) und der Taq-Polymerase amplifiziert. Auch hier wurden die Gene *synth.pglB* und *synth.pglC* aufgrund der mutmaßlichen Komplexbildung ihrer Genprodukte PglB und PglC (siehe oben) nicht nur einzeln, sondern auch zusammen mit dem Primerpaar synpglBCex1/ex2 amplifiziert. Als Template diente das Plasmid pRSETB/*synth.pgl*$_D$, welches das synthetische *pgl*$_D$-Operon mit den synthetischen Genen *synth.pglA-D* und *synth.hpgAT* enthält (Abschnitt 4.2.1.2). Mit Hilfe der Primern wurden die Amplifikate für die Klonierung in den pYT1-Vektor am 3'-Ende mit einer *Hin*dIII- und am 5'-Ende mit einer *Nde*I-Schnittstelle versehen. Zudem wurde über die Primer eine His6-Tag-Sequenz an die jeweiligen *synth.pgl*-Gene am 5'-Ende fusioniert, was eine spätere Aufreinigung der N-terminal His-getaggten Pgl-Fusionsproteine mittels Nickel-NTA-Säulen ermöglichen sollte.

Die erzeugten Amplifikate *synth.hispglA* (1436 bp), *synth.hispglB* (1088 bp), *synth.hispglC* (1070 bp), *synth.hispglBC* (2128 bp) und *synth.hispglD* (884 bp) (Abbildung 16) wurden in den Vektor pDrive kloniert und die entsprechenden Plasmide nach *E. coli* XL1 Blue transferiert. Zur Selektion richtiger Transformanten diente die pDrive-vermittelte Antibiotika-Resistenz (Amp^R, Kan^R) und die

Blau-Weiß-Methode. Aus den auf diese Weise erhaltenen Plasmiden pDrive/ *synth.hispglA*, pDrive/*synth.hispglB*, pDrive/*synth.hispglC*, pDrive/ *synth.hispglBC* und pDrive/*synth.hispglD* wurden die jeweiligen *synth.hispgl*-Gene als *Nde*I/*Hin*dIII-Fragmente isoliert und mit dem 4,3 kb *Nde*I/*Hin*dIII-geschnittenem pYT1-Fragment ligiert. Es folgte die Transformation von *E. coli* XL1 Blue mit den entsprechenden Ligationsansätzen und die Selektion der Transformanten auf LB-Medium mit Ampicillin. Anschließend wurden die Plasmide aus den Transformanten isoliert und auf ihre Korrektheit durch darauffolgende Kontrollspaltung überprüft. Auf diese Weise wurden die Plasmide pYT/*synth.hispglA*, pYT/*synth.hispglB*, pYT/*synth.hispglC*, pYT/*synth.hispglBC* und pYT/*synth.hispglD* erhalten (Abbildung 17, Karten siehe Anhang).

Zusätzlich wurde mit dieser Strategie das *hpgAT*-Gen kloniert, das für eine stereoinvertierende Hydroxyphenylglycin-Aminotransferase aus *P. putida* kodiert, die für die D-Phg-Biosynthese verantwortlich ist. Hierfür wurde das Primerpaar synhpgATex1/ex2 verwendet und das 1358 bp große Amplifikat *synth.hishpgAT* (Abbildung 16) nach der oben aufgeführten Methode zunächst in den pDrive-Vektor eingebracht und anschließend in den pYT1-Vektor umkloniert. Das auf diese Weise erhaltene Plasmid pYT/*synth.hishpgAT* wurde mittels Kontrollspaltung überprüft (Abbildung 17; Karte siehe Anhang).

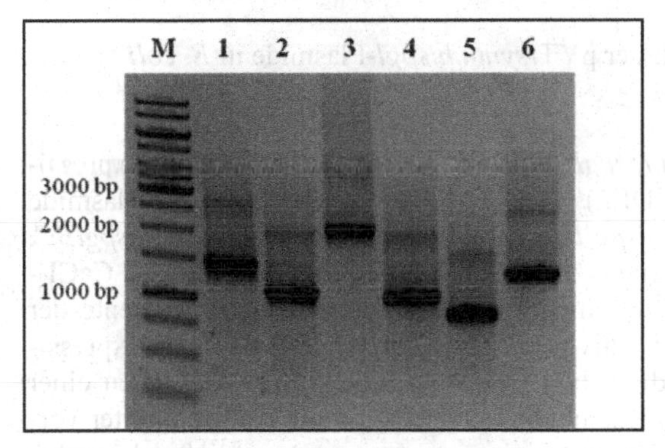

Abbildung 16: Gelelektrophoretischer Nachweis der Amplifikate *synth.hispglA* (1), *synth.hispglB* (2), *synth.hispglBC* (3), *synth.hispglC* (4), *synth.hispglD* (5) und *synth.hishpgAT* (6) in einem 1% Agarosegel. (M) 1 kb GeneRuler (Thermo Scientific). Annealing-Temp. während PCR: 60°C.

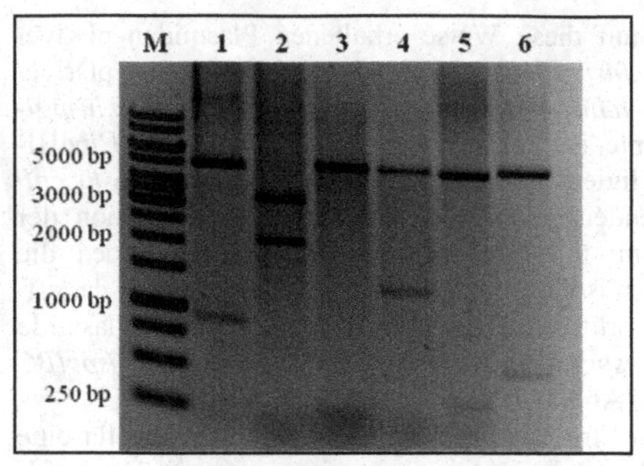

Abbildung 17: Gelelektrophoretische Analyse der Kontrollspaltungen von den pYT/*synth.hispgl*-Plasmiden in einem 1%-Agarosegel. (1) pYT/*synth.hispglA* mit *Pst*I gespalten (4,8 + 0,85 kb); (2) pYT/*synth.hispglB* mit *Pvu*II gespalten (3,3 + 2 kb); (3) pYT/*synth.hispglC* mit *Eco*RI gespalten (5,1 + 0,26 kb); (4) pYT/*synth.hispglBC* mit *Eco*RI gespalten (5,1 + 1,3 kb); (5) pYT/*synth.hispglD* mit *Sph*I gespalten (4,8 + 0,3 kb); (6) pYT/*synth. hishpgAT* mit *Kpn*I gespalten (5,1 + 0,54 kb); (M) 1 kb GeneRuler (Thermo Scientific).

4.1.2.2 Heterologe Expression der pYT/*synth.hispgl*-Plasmide in *E. coli* Rosetta

Zur Expression der pYT/*synth.hispgl* Plasmide wurde der optimierte Expressionsstamm *E. coli* Rosetta 2(DE3)/pLysSPARE2 verwendet. Die Plasmide pYT/*synth.hispglA*, pYT/*synth.hispglB*, pYT/*synth.hispglC*, pYT/*synth.hispglBC*, pYT/*synth.hispglD* und pYT/*synth.hishpgAT* wurden jeweils mittels $CaCl_2$-Transformation in *E. coli* Rosetta eingebracht. Als Negativkontrolle diente der *E. coli* Rosetta Stamm mit dem nativen pYT1-Vektor. Die jeweiligen Expressionsstämme wurden in LB-Medium bei 37°C angezogen. Nach Erreichen einer OD_{578} von 0,4 wurde mit 0,2% Rhamnose induziert und die Kulturen unter verschiedenen Bedingungen (siehe unten) weiter angezogen. Anschließend wurden die Zellen mittels French Press aufgeschlossen und die His-getaggten synthetischen Pgl-Fusionsproteine aus den Zelllysaten über Nickel-NTA-Säulen aufgereinigt. Der Nachweis der überexprimierten HisPgl-Proteine erfolgte mittels SDS-PAGE und Western Blot. Die jeweiligen Größen der HisPgl-Proteine entsprechen denen der nativen HisPgl-Proteinen (Tabelle 26).

Im ersten Versuch wurden die entsprechenden Expressionsstämme nach der Induktion zunächst für 3 h bei 30°C angezogen. Nach der darauffolgenden Aufreinigung der Expressionsproben konnten weder mittels der SDS-PAGE- noch mit der Western Blot-Analyse Proteinbanden identifiziert werden, die den jeweiligen synthetischen HisPgl-Proteinen bzw. dem synthetischen HisHpgAT-Protein entsprechen würden (Daten nicht gezeigt). Um zu überprüfen, ob es zur Bildung von unlöslichen Proteinaggregaten kam, wurden außerdem die jeweiligen unlöslichen Fraktionen nach dem Zellaufschluss mittels SDS-PAGE und Western Blot analysiert. Im SDS-Gel konnten im Vergleich zu der Negativkontrolle (unlösliche Fraktion der pYT1-Expressionsprobe, Daten nicht gezeigt) prominente Proteinbanden detektiert werden, die ein Vorhandensein der entsprechenden Fusionsproteine in den *inclusion bodies* vermuten lassen (Abbildung 18, A). In der darauffolgenden Western Blot-Analyse mit konjugiertem Anti-His-Tag-Antikörper konnte zumindest für die Proteine HisPglA (~ 52 kDa) und HisPglB (~ 38 kDa) die Bildung unlöslicher Proteinaggregate bestätigt werden (Abbildung 18, B). In der unlöslichen Fraktion der HisPglBC-Probe konnte nur eine dem HisPglB spezifische Proteinbande sowohl in der SDS-PAGE als auch im Western Blot detektiert werden (Abbildung 18). Zum einen könnte es daran liegen, dass der vermutete HisPglBC-Komplex nicht sehr stabil ist und möglicherweise bei der Aufreinigung oder während der SDS-PAGE dissoziiert, sodass nur das His-getaggte PglB-Protein detektiert wurde. Zum anderen wäre es möglich, dass das Protein PglC in diesem Fall nicht exprimiert wurde, da die Transkription möglicherweise bereits nach dem Stoppcodon von *pglB* bzw. *synth.pglB*, der mit dem Startcodon von *pglC* bzw. *synth.pglC* überlappt [Mast et al., 2011a], abgebrochen wurde.

Die Proteine HisPglC, HisPglD und HisHpgAT konnten in den unlöslichen Fraktionen mittels Western Blot nicht detektiert werden (Abbildung 18, B). Hingegen waren im SDS-Gel prominente Banden dieser Proteine (HisPglC: ~ 38 kDa, HisPglD: ~ 31 kDa, HisHpgAT: ~ 48 kDa) (Abbildung 18, A) im Vergleich zur Negativkontrolle (Daten nicht gezeigt) detektierbar. Es wird vermutet, dass der His-Tag der Fusionsproteine HisPglC, HisPglD und HisHpgAT aufgrund einer zu starken Proteinaggregation, die höchstwahrscheinlich während der SDS-PAGE eine vollständige Denaturierung der entsprechenden Proteinaggregate verhinderte, für den konjugierten Anti-His-Tag-Antikörper nicht zugänglich war und deshalb zu einem falsch negativen Ergebnis im Western Blot führte.

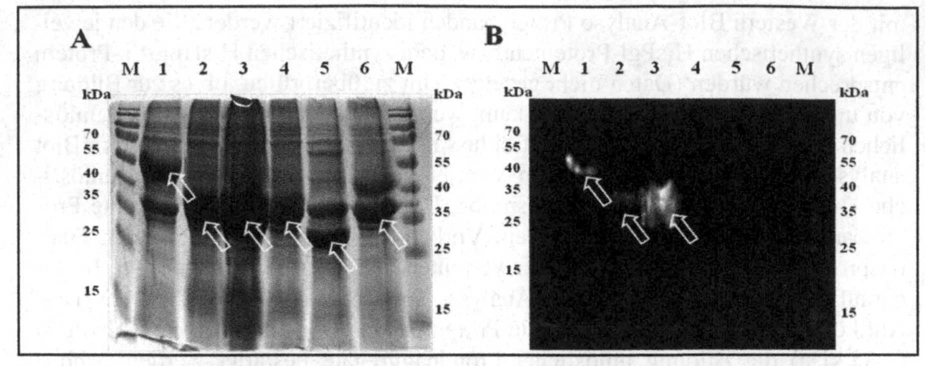

Abbildung 18: SDS-PAGE- (A) und Western Blot-Analyse (B) der unlöslichen Fraktionen (=Pellets) der Expressionsproben mit den jeweiligen pYT/*synth.hispgl* Plasmiden und dem pYT/*synth.hishpgAT* Plasmid. Die Anzucht der induzierten Expressionsstämme erfolgte 3h bei 30°C. (1) Pellet pYT/*synth.hispglA*; (2) Pellet pYT/*synth.hispglB*; (3) Pellet pYT/*synth.hispglBC*; (4) Pellet pYT/*synth.hispglC*; (5) Pellet pYT/*synth.hispglD*; (6) Pellet pYT/*synth.hishpgAT*. (M) PageRuler Prestained Protein Ladder (Thermo Scientific). Weiße Pfeile markieren potentielle Banden der jeweiligen HisPgl-Proteine (1-5) und des HisHpgAT-Proteins (6).

Um die beobachtete Aggregatbildung der HisPgl-Proteine und des HisHpgAT-Proteins durch eine temperaturbedingte Verlangsamung der Proteinexpression zu verhindern, wurden in einem weiteren Versuch die induzierten Expressionsstämme bei 18°C über Nacht angezogen. Diesmal zeigten die unlöslichen Fraktionen der jeweiligen Expressionsproben in der SDS-PAGE keinerlei spezifische bzw. prominente HisPgl-Proteinbanden mehr (Abbildung 19, A). Auch in den Eluaten konnten keine HisPgl-spezifischen Proteinbanden mittels der SDS-PAGE identifiziert werden (Abbildung 19, B). Hingegen konnte in der pYT/*synth.hishpgAT*-Eluat im Vergleich zu der Negativkontrolle (pYT1-Eluat) eine prominente Proteinbande im Bereich von ca. 40 kDa sowohl in der unlöslichen als auch in der löslichen Fraktion detektiert und als das Fusionsprotein HisHpgAT identifiziert werden (Abbildung 19). Der geringfügige Größenunterschied der im Gel detektierten HisHpgAT-Proteinbande zu der entsprechenden *in silico* ermittelten Größe (~48 kDa) liegt höchstwahrscheinlich einer unvollständigen Denaturierung des Proteins zugrunde, die dazu führte, dass das Protein im SDS-Gel schneller wanderte.

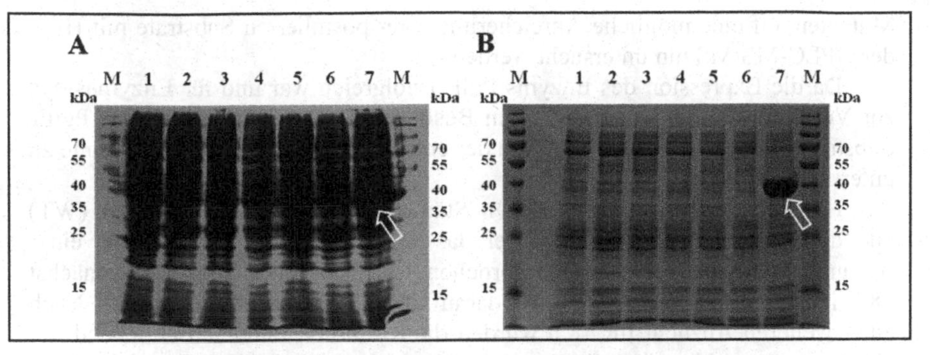

Abbildung 19: SDS-PAGE-Analyse der unlöslichen Fraktionen (=Pellets) (A) und der aufgereinigten Expressionsproben (=Eluate) (B) mit den jeweiligen pYT/*synth.hispgl* Plasmiden und dem pYT/*synth.hishpgAT* Plasmid. Die Anzucht der induzierten Expressionsstämme erfolgte über Nacht bei 18°C. (1) Pellet bzw. Eluat pYT1; (2) Pellet bzw. Eluat pYT/*synth.hispglA*; (3) Pellet bzw. Eluat pYT/*synth.hispglB*; (4) Pellet bzw. Eluat pYT/*synth.hispglB*; (5) Pellet bzw. Eluat pYT/*synth.hispglC*; (6) Pellet bzw. Eluat pYT/*synth.hispglD*; (7) Pellet bzw. Eluat pYT/*synth.hishpgAT*. Weißer Pfeil markiert die HisHpgAT-spezifische Bande. (M) PageRuler Prestained Protein Ladder (Thermo Scientific).

Die Ergebnisse dieser Versuche zeigen, dass die synthetischen Proteine HisPglA, HisPglB, HisPglC, HisPglD und HisHpgAT in *E. coli* zwar unter den Bedingungen des ersten Versuchs (3 h, 30°C) exprimiert wurden, jedoch nicht als lösliche Fusionsproteine. Die Bedingungen des zweiten Versuchs (über Nacht, 18°C) erwiesen sich im Bezug auf die Expression der HisPgl-Proteine als gänzlich ungeeignet. Allerdings war es in diesem Fall möglich, das HisHpgAT-Protein als lösliches Protein aufzureinigen. Für eine erfolgreiche Expression der Enzyme PglA, PglB, PglC und PglD sollten in zukünftigen Versuchen entweder geeignete Wirtsstämme wie z.B. *S. lividans* oder *Rhodococcus jostii* verwendet werden oder die Expressionsbedingungen im Hinblick auf den Erhalt löslicher HisPgl-Proteine optimiert werden.

4.1.3 *Untersuchungen der S. pristinaespiralis pgl::apra-Mutanten auf die Akkumulation von Phg-Biosynthese-Intermediaten*

Die Inaktivierung eines biosynthetischen Enzyms kann zur Akkumulation seines Substrats führen. Auf diese Weise kann man auf die Funktion des Enzyms rückschließen. Daher sollten zusätzlich zu den Enzymassays die Funktionen der Pgl-Enzyme durch die Analyse der entsprechenden *S. pristinaespiralis pgl::apra-*

Mutanten auf eine mögliche Anreicherung ihrer postulierten Substrate mit Hilfe der HPLC-MS/MS hin untersucht werden.

Da die Expression des Enzyms PglE erfolgreich war und für Enzymassays zur Verfügung stand, war das Ziel im Besonderen die Akkumulation des PglE-Substrats Phenylglyoxylat (PGLX) in der entsprechenden *pglE::apra*-Mutante zu untersuchen.

Hierfür wurden die vorhandenen Stämme *S. pristinaespiralis* Pr11 (WT) und die *pglE::apra*-Mutante, bei der das *pglE*-Gen durch die Insertion einer Apramycin-Resistenzkassette unterbrochen ist [Mast et al., 2011a], zunächst 48 h in VK-Medium kultiviert und daraufhin in HK-Medium überimpft. Nach einer weiteren Anzucht für 48 h wurden die Kulturüberstände anschließend mit Ethylacetat extrahiert und die Extrakte mittels der HPLC-MS/MS auf das Vorhandensein von PGLX untersucht. Die HPLC-MS/MS-Analyse erfolgte im negativen Ionisierungsmodus.

Die HPLC-MS/MS-Analyse der reinen Referenzsubstanz PGLX ergab für diese eine spezifische Retentionszeit von 4,9 min, eine Gesamtmasse von 149 m/z im ersten Massenspektrogramm (MS1) und eine spezifische Fragmentierung dieser Gesamtmasse in die Fragmentmassen 105 und 121 m/z im zweiten Massenspektrogramm (MS2) (siehe Anhang, Abbildung 40).

In der Extraktprobe, die aus der *S. pristinaespiralis* WT Kultur gewonnen wurde, wurde bei einer Retentionszeit von 5,4 min (Abbildung 20, (a)) eine Gesamtmasse von 149 m/z im MS1-Spektrogramm ermittelt (Daten nicht gezeigt), die aber nicht das PGLX-spezifische Fragmentierungsmuster mit den Massen von 105 m/z und 121 m/z im MS2-Spektrogramm aufzeigte (Abbildung 20, (b)). Da weder die Retentionszeit noch das Fragmentierungsmuster mit der Referenz übereinstimmten, handelte es sich hierbei höchstwahrscheinlich um eine andere Substanz, die lediglich die gleiche Gesamtmasse wie PGLX besitzt.

Im Extrakt, der aus der Kultur der *S. pristinaespiralis pglE::apra*-Mutante extrahiert wurde, konnte bei einer Retentionszeit von 4,9 min (Abbildung 21, (a)) ein Peak mit einer Gesamtmasse von 149 m/z im MS1-Spektrogramm beobachtet werden (Daten nicht gezeigt), der im MS2-Spektrogramm das PGLX-spezifische Fragmentierungsmuster mit den Massen 105 und 121 m/z zeigte (Abbildung 21, (b)). Da in diesem Fall sowohl die Retentionszeit als auch das Fragmentierungsmuster den Referenzwerten glich, handelte es sich hierbei um PGLX.

Somit konnte gezeigt werden, dass PGLX in der *pglE::apra*-Mutante um das ca. 40-50-Fache im Vergleich zum WT akkumuliert und damit tatsächlich das Substrat des PglE-Enzyms darstellt.

Zusätzlich zur PGLX-Akkumulation wurden die entsprechenden *S. pristinaespiralis*-Stämme (WT und *pglE::apra*) auf eine Akkumulation des

PglE-Produkts L-Phg untersucht. Dabei konnte weder in der WT-Probe noch in der *pglE::apra*-Probe Phg mittels HPLC-MS/MS detektiert werden (Daten nicht gezeigt). Im Bezug auf die *pglE::apra*-Mutante entsprach das Ergebnis der Erwartung, dass bei einer Inaktivierung der PglE-Aminotransferase kein Phg gebildet wird. Im Falle des WT-Stamms ist davon auszugehen, dass Phg vermutlich zu schnell verstoffwechselt wird und eine Detektion somit erschwert wird.

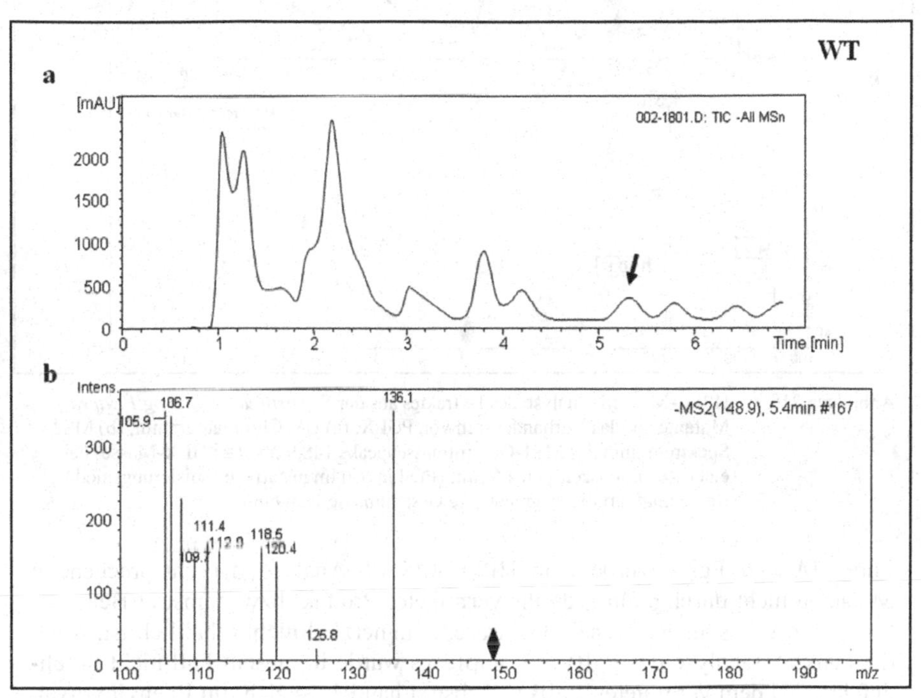

Abbildung 20: HPLC-MS/MS-Analyse des Extraktes aus *S. pristinaespiralis* Pr11 (WT) auf das Vorhandensein von PGLX. (a) UV-Chromatogramm; (b) MS2-Spektrogramm des MS1-Gesamtmassenpeaks 148,9 m/z bei einer Retentionszeit von 5,4 min (Pfeil in (a)) im negativen Ionisierungsmodus. Raute markiert die fragmentierte Gesamtmasse 148,9 m/z.

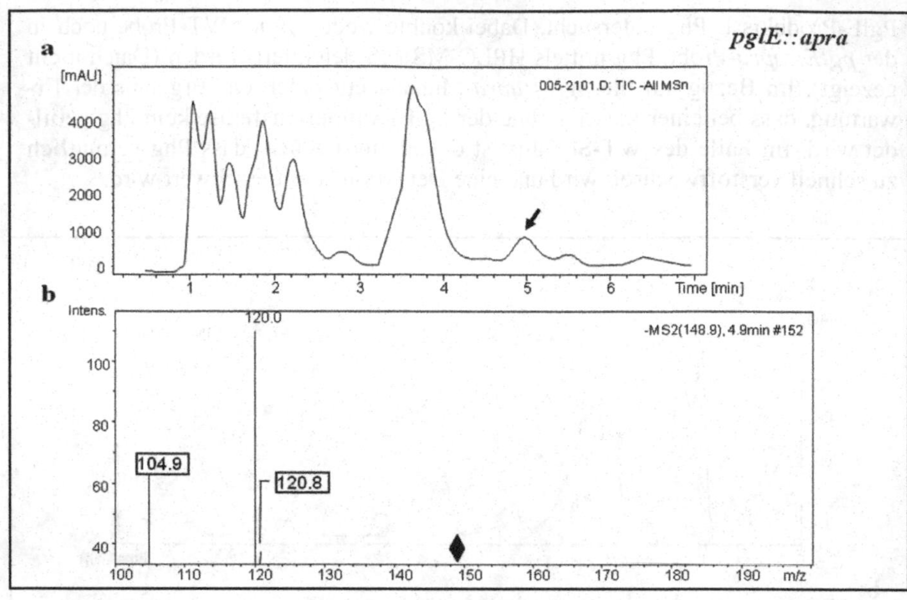

Abbildung 21: HPLC-MS/MS-Analyse des Extraktes aus der *S. pristinaespiralis pglE::apra*-Mutante auf das Vorhandensein von PGLX. (a) UV-Chromatogramm; (b) MS2-Spektrogramm des MS1-Gesamtmassenpeaks 148,9 m/z (≙PGLX-Masse) bei einer Retentionszeit von 4,9 min (Pfeil in (a)) im negativen Ionisierungsmodus. Raute markiert die fragmentierte Gesamtmasse 148,9 m/z.

Für PglA und PglD wurde eine HPLC-MS/MS-Analyse der entsprechenden Mutanten nicht durchgeführt, da ihr vermutetes Produkt bzw. Substrat Benzoylformyl-CoA, das als Referenz nötig wäre, kommerziell nicht erhältlich ist. Auch die Funktionsanalyse des PglB/C Komplexes wurde in diesem Fall nicht durchgeführt. Bei dem vermuteten PglB/C Substrat handelt es sich um Phenylpyruvat, das unter anderem auch im primärmetabolischem Shikimatweg verstoffwechselt wird. Deshalb liegt die Vermutung nahe, dass eine Akkumulation von Phenylpyruvat in der *pglB::apra*- bzw. *pglC::apra*-Mutante nicht detektierbar ist.

4.1.4 *Untersuchungen zur PglE-katalysierten Reaktion*

Zur genaueren Untersuchung der von den jeweiligen Pgl-Enzymen katalysierten Reaktionen sollten Enzymassays durchgeführt und die Produktbildung bzw. Substratumsetzung mittels HPLC-MS/MS analysiert werden.

Da die Expression des Enzymes PglE erfolgreich war und das Substrat sowie das Produkt kommerziell erhältlich sind und als Referenzen dienen können, konnte ein entsprechender Enzymassay mit PglE durchgeführt werden. Weitere Enzymassays konnten nicht durchgeführt werden, da zum Teil die Enzyme (PglB, PglC, PglD) nicht exprimiert werden konnten bzw. die für die jeweiligen Assays nötigen Referenzsubstanzen (PglA, PglD) nicht verfügbar waren.

4.1.4.1 Nachweis von L-Phg als Produkt der PglE-Reaktion

Die Aminotransferase (AT) PglE katalysiert vermutlich den letzten Schritt bei der L-Phg-Biosynthese, bei dem das Substrat Phenylglyoxylat (NH_2-Akzeptor) nach Austausch der Carbonylgruppe durch eine Aminogruppe (NH_2) zu L-Phg umgewandelt wird (Abbildung 22). Der NH_2-Donor ist bislang unbekannt. Als Cofaktor der Reaktion dient vermutlich Pyridoxyl-5-Phosphat (PLP), das generell für AT-Reaktionen essentiell ist (Abschnitt 2.5.2).

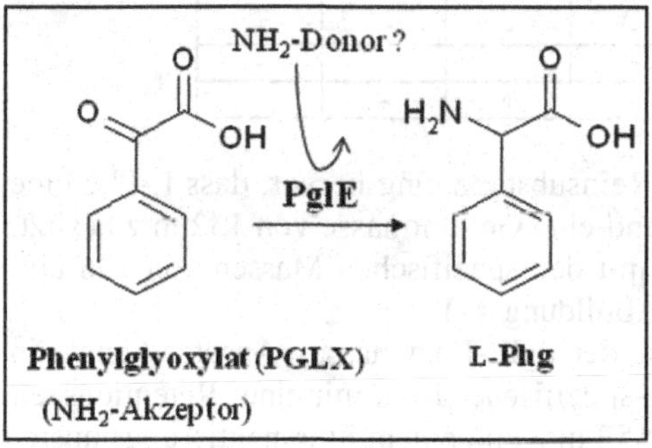

Abbildung 22: Schematische Darstellung der PglE-Reaktion.

Für andere, funktionell ähnliche ATs wie HpgAT aus *Pseudomonas putida* und HpgT aus *Amycolatopsis orientalis* konnte gezeigt werden, dass sie L-Glutamat (L-Glu) bzw. L-Tyrosin (L-Tyr) als NH_2-Donor nutzen [Müller et al., 2006; Hubbard et al., 2000]. Neben diesen beiden Aminosäuren ist auch L-Phenylalanin (L-Phe) ein denkbarer NH_2-Donor für die PglE-Reaktion, welches bereits als Vorstufe für die Phg-Biosynthese in *Streptomyces virginiae* beschrieben wurde [Reed und Kingston, 1986].

Für die Untersuchung der PglE-spezifischen Reaktion wurde im Anschluss an die Nickel-NTA-Aufreinigung das HisPglE-enthaltene Eluat dialysiert und direkt für den Enzymassay verwendet. Als Co-Faktor für die AT-Reaktion diente

Pyridoxalphosphat (PLP) und als Substrat Phenylglyoxylat (PGLX). Es wurden sechs verschiedene Ansätze analysiert. In Ansatz 1 und 2 wurde L-Glu, in Ansatz 3 und 4 L-Tyr und in Ansatz 5 und 6 L-Phe als NH_2-Donor eingesetzt (Tabelle 27). Die Ansätze 2, 4 und 6 enthielten das pYT1-Eluat statt dem HisPglE-Eluat und dienten als Negativkontrollen. Die Ansätze 1, 3, und 5 enthielten das HisPglE-Eluat. Die Ansätze wurden 1 h bei RT inkubiert und die Reaktionen anschließend mit 0,2 mM Phosphorsäure gestoppt. Die Bildung des Produktes L-Phg wurde mittels HPLC-MS/MS im positiven Ionisierungsmodus untersucht.

Tabelle 27: Übersicht über die Zusammensetzung der PglE-Enzymassay-Ansätze zur Untersuchung der Reaktion hin zu Phg. Die eingesetzten Endkonzentrationen der jeweiligen Komponenten sind in Abschnitt 3.20.1 aufgeführt.

Ansatz	1	2	3	4	5	6
PLP	+	+	+	+	+	+
PGLX	+	+	+	+	+	+
L-Glu	+	+	-	-	-	-
L-Tyr	-	-	+	+	-	-
L-Phe	-	-	-	-	+	+
HisPglE-Eluat	+	-	+	-	+	-
pYT1-Eluat	-	+	-	+	-	+

Aus der HPLC-MS/MS-Analyse der Reinsubstanz ging hervor, dass L-Phg eine Retentionszeit von 1,3 min aufweist und eine Gesamtmasse von 152 m/z besitzt, die bei der MS2 in zwei Fragmente, mit den spezifischen Massen von 106 und 135 m/z zerlegt wird (siehe Anhang, Abbildung 41).

Nach der HPLC-MS/MS Analyse der PglE-Enzymassay-Ansätze konnte in Ansatz 3 und 5 ein eindeutiger L-Phg-spezifischer Peak mit einer Retentionszeit von 1,3 min, einer Gesamtmasse von 152 m/z und einem Fragmentierungsmuster mit den Fragmentmassen von 106 und 135 m/z im MS2-Spektrogramm detektiert werden (Abbildung 23, Abbildung 24). Demnach katalysiert HisPglE die Bildung von L-Phg aus PGLX, wobei sowohl L-Tyr als auch L-Phe als NH_2-Donoren verwendet werden können. Da die Intensität der detektierten L-Phg-Peaks in beiden Ansätzen etwa gleich war, kann keine Aussage darüber getroffen werden, welcher der beiden NH_2-Donoren von PglE bevorzugt genutzt wird. Die Abwesenheit von L-Phg in den entsprechenden Kontrollansätzen 4 und 6 zeigt, dass tatsächlich nur HisPglE und kein anderes, unspezifisch mitaufgereinigtes Enzym für die Bildung von L-Phg verantwortlich ist (Abbildung 23, Abbildung 24). Über die PglE-Reaktion mit L-Glu als NH_2-Donor kann keine Aussage getroffen werden, da sowohl im Ansatz mit dem HisPglE-Eluat als auch im Negativkontrollansatz mit dem pYT1-Eluat L-Phg identifiziert werden konnte

(Abbildung 25). Da eine spontane Reaktion ausgeschlossen werden konnte (siehe unten), wird vermutet, dass ein Enzym aus dem verwendeten *E. coli*-Expressionsstamm unspezifisch mitaufgereinigt wurde, welches PGLX zu L-Phg umwandelt und dabei L-Glu als NH_2-Donor nutzt. Nach mehreren Waschschritten bei der Nickel-NTA-Aufreinigung wurde in der pYT1-Eluatprobe mit L-Glu kein L-Phg-spezifischer Peak mehr detektiert (Abbildung 25). In der HisPglE-Eluatprobe wurde eine weitaus geringere Menge an L-Phg gemessen (Abbildung 25), die dafür spricht, dass das mögliche unspezifische Enzym besser weggewaschen wurde und entsprechend weniger Substrat zu L-Phg umsetzen konnte.

Um eine spontane, nicht-enzymatisch katalysierte Reaktion der jeweiligen Komponenten in den Ansätzen auszuschließen, wurden die entsprechenden Ansätze mit L-Glu, L-Phe und L-Tyr ohne Zugabe des HisPglE- bzw. pYT1-Eluats (Tabelle 27) über Nacht bei RT inkubiert und anschließend auf das Vorhandensein von L-Phg mittels HPLC-MS/MS analysiert. In keinem der Ansätze konnte L-Phg detektiert werden (Daten nicht gezeigt), was zeigt, dass eine spontane Umsetzung zu L-Phg nicht stattfindet.

Neben der Suche nach L-Phg, wurde versucht, die Umsetzung von Phenylglyoxylat (PGLX) über Mengenunterschiede in den jeweiligen Ansätzen nachzuweisen. Zwar konnte in allen Ansätzen PGLX detektiert werden, jedoch zeigte sich keine signifikante Abnahme von PGLX (Daten nicht gezeigt). Das liegt vermutlich daran, dass die Ausgangskonzentration von PGLX in den Ansätzen generell zu hoch war, um eine signifikante Abnahme der Substanz zu detektieren.

Zusammenfassend lässt sich aus diesen Ergebnissen schließen, dass die Aminotransferase PglE tatsächlich PGLX zu L-Phg umwandelt und dabei sowohl L-Tyr als auch L-Phe, nicht jedoch L-Glu, als NH_2-Donor nutzen kann.

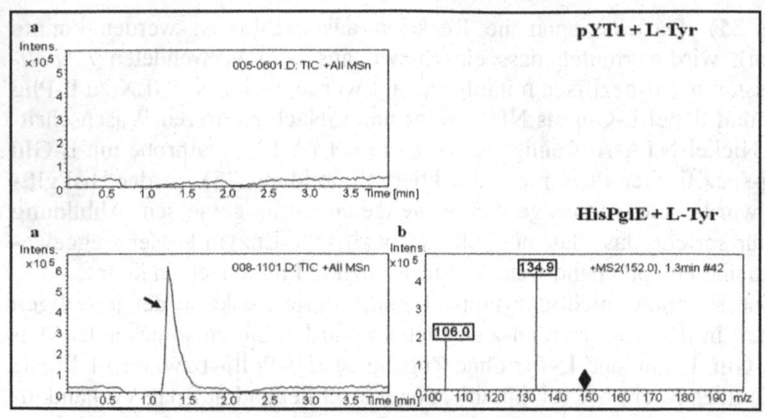

Abbildung 23: HPLC-MS/MS-Analyse der Ansätze mit L-Tyr und pYT1- (Ansatz 4, Negativkontrolle) bzw. HisPglE-Eluat (Ansatz 3) auf das Vorhandensein von Phg. (a) HPLC-Chromatogramm der in MS1-detektierten Gesamtmasse von 152 m/z (≙ Phg-Masse) im positiven Ionisierungsmodus. (b) MS2-Spektrogramm des MS1-Massenpeaks 152 m/z bei einer Retentionszeit von 1,3 min im positiven Ionisierungsmodus (Pfeil in (a)). Raute markiert die fragmentierte Gesamtmasse 152 m/z.

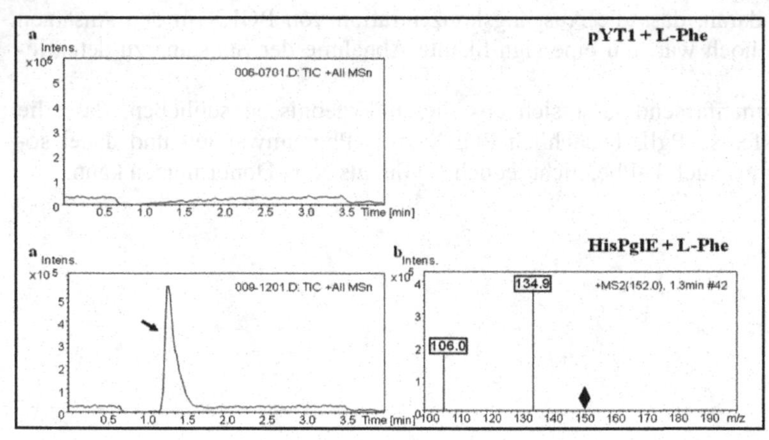

Abbildung 24: HPLC-MS/MS-Analyse der beiden Ansatze mit L-Phe und pYT1- (Ansatz 6, Negativkontrolle) bzw. HisPglE-Eluat (Ansatz 5) auf das Vorhandensein von Phg. (a) HPLC-Chromatogramm der in MS1-detektierten Gesamtmasse von 152 m/z (≙ Phg-Masse) im positiven Ionisierungsmodus. (b) MS2-Spektrogramm des MS1-Massenpeaks 152 m/z bei einer Retentionszeit von 1,3 min im positiven Ionisierungsmodus (Pfeil in (a)). Raute markiert die fragmentierte Gesamtmasse 152 m/z.

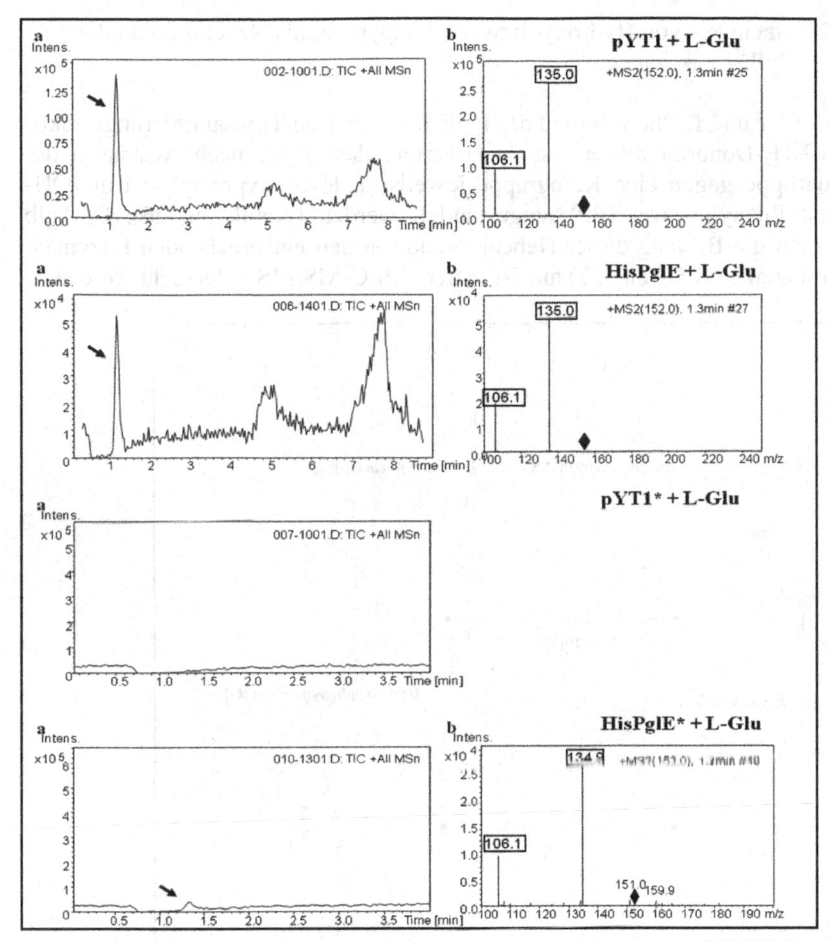

Abbildung 25: HPLC-MS/MS-Analyse der Ansätze mit L-Glu und pYT1- (Ansatz 2, Negativkontrollen) bzw. HisPglE-Eluat (Ansatz 1) auf das Vorhandensein von Phg. pYT1*- und HisPglE*-Eluat aus einer Nickel-NTA-Aufreinigung, bei der mehr Waschschritte durchgeführt wurden. (a) HPLC-Chromatogramm der in MS1-detektierten Gesamtmasse von 152 m/z (≙ Phg-Masse) im positiven Ionisierungsmodus. (b) MS2-Spektrogramm des MS1-Massenpeaks 152 m/z bei einer Retentionszeit von 1,3 min im positiven Ionisierungsmodus (Pfeil in (a)). Raute markiert die fragmentierte Gesamtmasse 152 m/z.

4.1.4.2 Nachweis von Hydroxy- bzw. Phenylpyruvat als Nebenprodukt der PglE-Reaktion

Wenn L-Tyr und L-Phe während der PglE-katalysierten Transaminierungsreaktion als NH_2-Donoren dienen, ist zu erwarten, dass diese nach Austausch der Aminogruppe gegen eine Ketogruppe jeweils zu Hydroxyphenylpyruvat (OH-PP) und Phenylpyruvat (PP) umgewandelt werden (Abbildung 26). Deshalb sollte auch die Bildung dieser Nebenprodukte in den entsprechenden Enzymassay-Ansätzen 3-6 (Tabelle 27) mit Hilfe der HPLC-MS/MS untersucht werden.

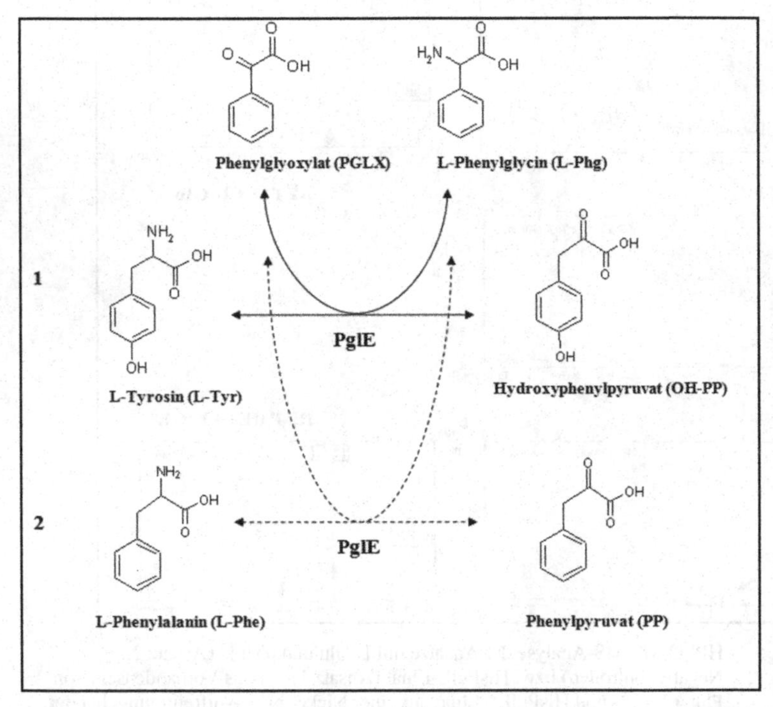

Abbildung 26: Schematische Darstellung der PglE-Reaktion unter Verwendung von L-Tyrosin (1) bzw. L-Phenylalanin (2) als NH_2-Donor.

Die HPLC-MS/MS-Analyse der Reinsubstanz OH-PP, die im negativen Ionisierungsmodus erfolgte, ergab eine Retentionszeit von 4,6 min und eine spezifische Zerlegung der Gesamtasse von 179 m/z in zwei charakteristische Fragmente mit den Massen 107 m/z und 151 m/z im MS2-Spektrogramm (siehe Anhang, Abbildung 42).

Wie erwartet, konnte kein OH-PP-spezifischer Peak in dem Negativkontrollansatz mit L-Tyr (Tabelle 27) detektiert werden (Abbildung 27). Der deutlich erkennbare Peak bei einer Retentionszeit von etwa 2,3 min entspricht L-Tyr, das bei der verwendeten HPLC-MS/MS-Methode mit erfasst wurde. Im Ansatz mit L-Tyr und HisPglE (Tabelle 27) wurde neben dem Tyr-spezifischen auch ein OH-PP-spezifischer Peak mit einer Retentionszeit von 4,6 min und den Fragmentierungsmassen 107 m/z und 151 m/z im MS2-Spektrogramm gemessen (Abbildung 27). Demnach wird der NH_2-Donor L-Tyr tatsächlich während der PglE-Reaktion zu OH-PP umgesetzt.

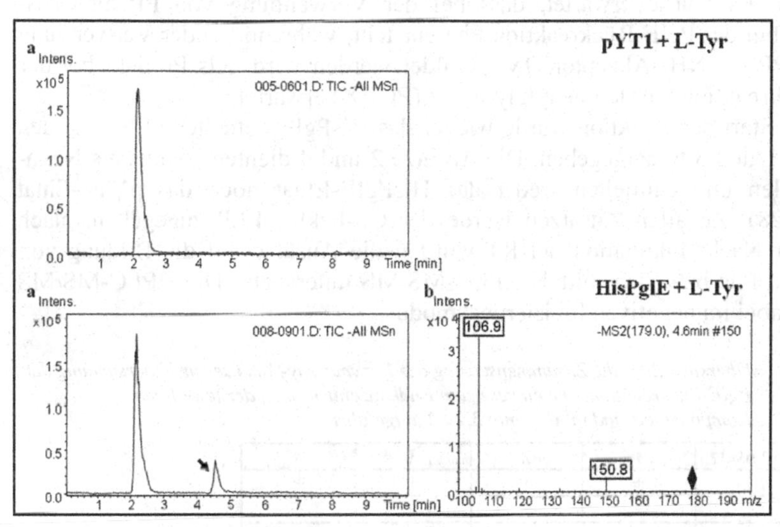

Abbildung 27: HPLC-MS/MS-Analyse der Ansätze mit L-Tyr und pYT1- (Ansatz 4, Negativkontrolle) bzw. HisPglE-Eluat (Ansatz 3) auf das Vorhandensein von OH-PP. (a) HPLC-Chromatogramm der in MS1-detektierten Gesamtmasse von 179 m/z (≙ OH-PP-Masse) im negativen Ionisierungsmodus. (b) MS2-Spektrogramm des MS1-Massenpeaks 179 m/z bei einer Retentionszeit von 4,6 min (Pfeil in (b)) im negativen Ionisierungsmodus. Raute markiert die fragmentierte Gesamtmasse 179 m/z.

Zum Nachweis von PP erwies sich die HPLC-MS/MS als ungeeignet. Selbst die Reinsubstanz konnte, möglicherweise aufgrund einer schlechten Ionisierbarkeit oder einer zu starken Fragmentierung, bei der die Detektionsgrenze der MS/MS unterschritten wird, nicht detektiert werden. Deshalb kann keine Aussage darüber getroffen werden, ob L-Phe tatsächlich zu PP während der PglE-Reaktion umgesetzt wird.

4.1.4.3 Untersuchung der PglE-Rückreaktion

ATs katalysieren reversible Transaminierungsreaktionen (Abschnitt 2.5.2). Um nachzuweisen, dass auch die PglE-Reaktion reversibel ist, sollte zusätzlich die Rückreaktion untersucht werden (Abbildung 26).

Hierfür wurden vier verschiedene Ansätze analysiert. Dabei dienten die Produkte der Hinreaktionen (Abschnitt 4.1.4.1, Abschnitt 4.1.4.2) als Substrate, wobei L-Phg als NH_2-Donor und Phenylpyruvat (PP) (Ansatz 1 und 2) bzw. Hydroxyphenylpyruvat (OH-PP) (Ansatz 3 und 4) jeweils als NH_2-Akzeptor fungierten. Es wurde erwartet, dass bei der Verwendung von PP als NH_2-Akzeptor bei der PglE-Rückreaktion Phe entsteht, während bei der Verwendung von OH-PP als NH_2-Akzeptor, Tyr gebildet werden wird. Als Produkt bei der PglE-Rückreaktion wurde Phenylglyoxylat (PGLX) erwartet.

Zum Start der Reaktion wurde wieder das HisPglE-enthaltene Eluat zu den Ansätzen 1 und 3 hinzugegeben. Die Ansätze 2 und 4 dienten jeweils als Negativkontrollen und enthielten weder das HisPglE-Eluat noch das pYT1-Eluat (Tabelle 28). Zu allen Ansätzen wurde der Co-Faktor PLP zugegeben. Nach einer über Nacht Inkubation bei RT wurden die Ansätze auf die Bildung von PGLX und Phe bzw. Tyr mittels HPLC-MS/MS untersucht. Die HPLC-MS/MS erfolgte dabei im negativen Ionisierungsmodus.

Tabelle 28: Übersicht über die Zusammensetzung der Enzymassay-Ansätze zur Untersuchung der PglE-Rückreaktion. Die eingesetzten Endkonzentrationen der jeweiligen Komponenten sind in Abschnitt 3.20.2 aufgeführt.

Ansatz	1	2	3	4
PLP	+	+	+	+
L-Phg	+	+	+	+
PP	+	+	-	-
OH-PP	-	-	+	+
HisPglE-Eluat	+	-	+	-

Aus den HPLC-MS/MS-Analysen der Reinsubstanzen ging hervor, dass PGLX eine Retentionszeit von 4,8 min, eine Gesamtmasse von 149 m/z in der MS1 und eine spezifische Fragmentierung in zwei Fragmente mit den Massen 105 und 121 m/z im MS2-Spektrogramm aufweist (siehe Anhang, Abbildung 43). Tyr hingegen hat eine Retentionszeit von 2,4 min, eine Gesamtmasse von 180 m/z in der MS1 und wird bei der MS2 spezifisch in fünf Fragmente mit den Massen 93, 119, 136, 163 und 179 m/z zerlegt (siehe Anhang, Abbildung 44). Phe hat eine Retentionszeit von 4,6 min, eine Gesamtmasse von 164 m/z in der MS1 und zeigt bei der MS2 eine spezifische Fragmentierung in zwei Fragmente mit den Massen 147 und 163 m/z (siehe Anhang, Abbildung 45).

Nach der HPLC-MS/MS-Analyse wurde sowohl in Ansatz 1 als auch in Ansatz 3 (Tabelle 28) ein PGLX-spezifischer Peak bei einer Retentionszeit von 4,8 min mit einer Gesamtmasse von 149 m/z in der MS1 und den Fragmentmassen 105 und 121 m/z in der MS2 gemessen (Abbildung 28, Abbildung 29). Demnach ist PGLX das Produkt der PglE-Rückreaktion. In Ansatz 1 wurde zudem ein Phe-spezifischer Peak mit einer Retentionszeit von 4,6 min, einer Gesamtmasse von 164 m/z in der MS1 und einer Fragmentierung in die Fragmente der Massen 147 und 163 m/z in der MS2 detektiert (Abbildung 28). Dies zeigt, dass bei der reversen Transaminierungsreaktion, bei der PP als Co-Substrat verwendet wird, Phe entsteht. In Ansatz 3 wurde hingegen ein Tyr-spezifischer Peak detektiert, der eine Retentionszeit von 2,4 min, eine Gesamtmasse von 180 m/z in der MS1 und in der MS2 Fragment mit den Massen 119, 134, 163 und 179 m/z zeigte (Abbildung 29). Demnach wird das Co-Substrat OH-PP bei der reversen Transaminierungsreaktion zu Tyr umgesetzt.

In den entsprechenden Negativkontrollansätzen 2 und 4 wurde, wie erwartet, weder ein PGLX- noch Tyr- bzw. Phe-spezifischer Peak bei der HPLC-MS/MS-Analyse gemessen (Abbildung 28, Abbildung 29). Somit kann eine spontane Reaktion zwischen den jeweiligen Komponenten hin zur Bildung von PGLX und Tyr bzw. Phe ausgeschlossen werden.

Der in Ansatz 3 bzw. 4 zusätzlich detektierte Peak mit einer Gesamtmasse von 180 m/z und einer Retentionszeit von etwa 5 min repräsentiert OH-PP, das bei dieser HPLC-MS/MS-Methode mit erfasst wurde.

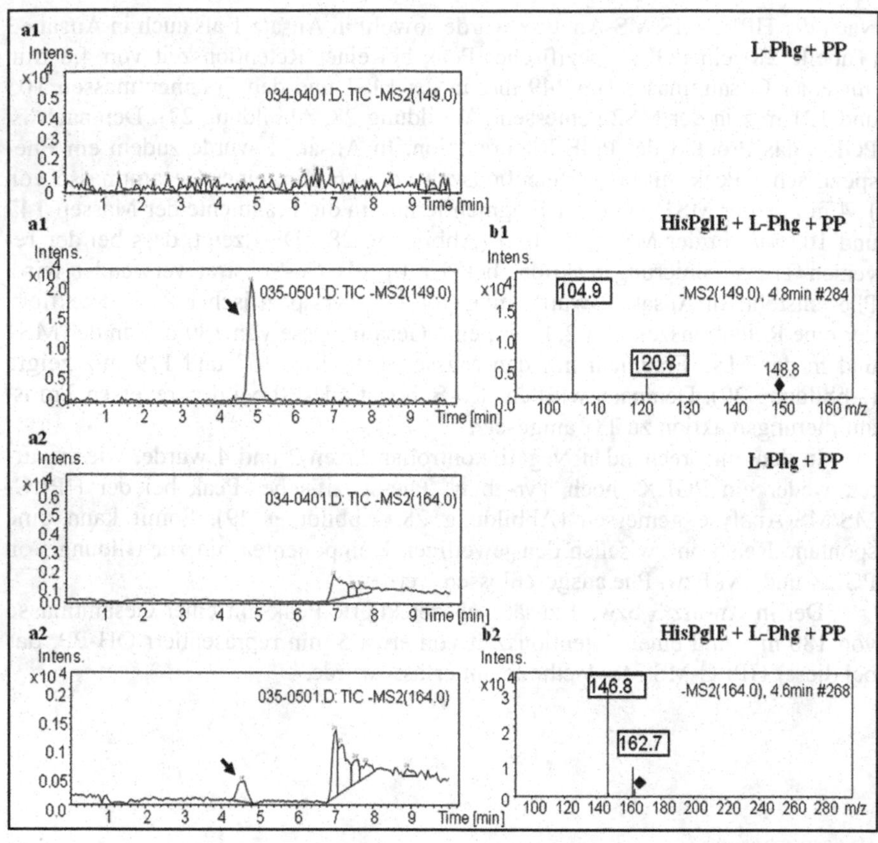

Abbildung 28: HPLC-MS/MS-Analyse des Ansatzes mit L-Phg + PP und HisPglE (Ansatz 1) bzw. des entsprechenden Negativkontrollansatzes ohne HisPglE (Ansatz 2) auf das Vorhandensein von PGLX und Phe. (a1) MS2-Chromatogramm, gefiltert nach der Gesamtasse 149 m/z (≙ PGLX-Masse) im negativen Ionisierungsmodus. (b1) MS2-Spektrogramm des Gesamtmassenpeaks 149 m/z bei einer Retentionszeit von 4,8 min (Pfeil in (a1)) im negativen Ionisierungsmodus. Raute markiert die fragmentierte Gesamtasse 149 m/z. (a2) MS2-Chromatogramm, gefiltert nach der Gesamtmasse 164 m/z (≙ Phe-Masse) im negativen Ionisierungsmodus. (b2) MS2-Spektrogramm des Gesamtmassenpeaks 164 m/z bei einer Retentionszeit von 4,6 min (Pfeil in (a1)) im negativen Ionisierungsmodus. Raute markiert die fragmentierte Gesamtmasse 164 m/z.

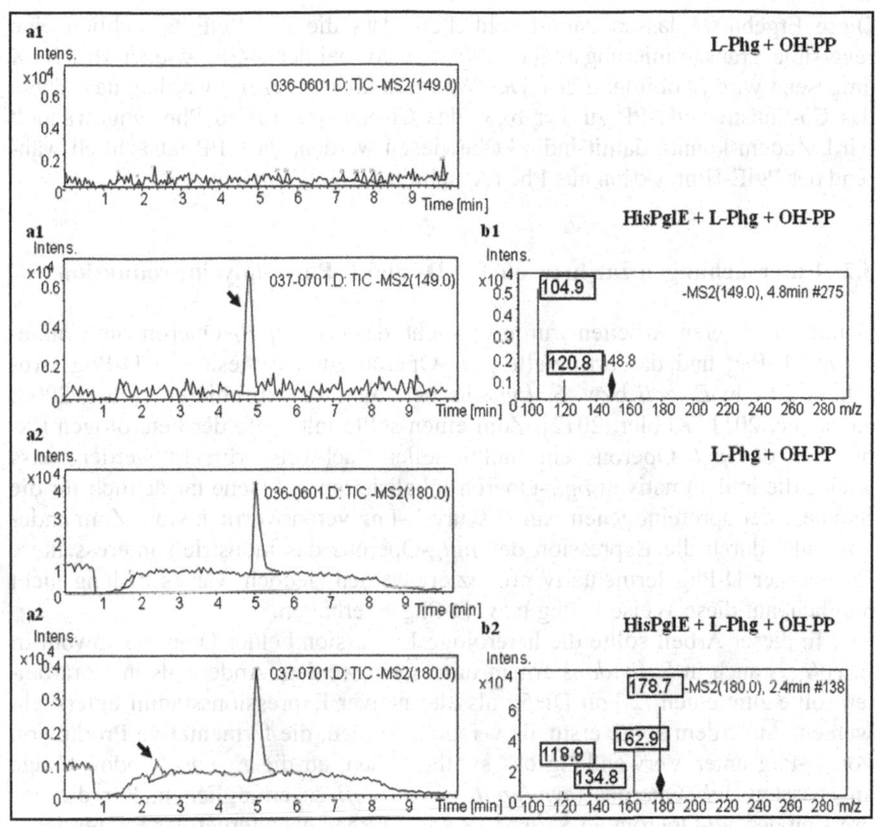

Abbildung 29: HPLC-MS/MS-Analyse des Ansatzes mit L-Phg + OH-PP und HisPglE (Ansatz 3) bzw. des entsprechenden Negativkontrollansatzes ohne HisPglE (Ansatz 4) auf das Vorhandensein von PGLX und Tyr. (a1) MS2-Chromatogramm, gefiltert nach der Gesamtmasse 149 m/z (≙ PGLX) im negativen Ionisierungsmodus. (b1) MS2-Spektrogramm des Gesamtmassenpeaks 149 m/z bei einer Retentionszeit von 4,8 min (Pfeil in (a1)) im negativen Ionisierungsmodus. Raute markiert die fragmentierte Gesamtmasse 149 m/z. (a2) MS2-Chromatogramm, gefiltert nach der Gesamtmasse 180 m/z (≙Tyr) im negativen Ionisierungsmodus. (b2) MS2-Spektrogramm des Gesamtmassenpeaks 180 m/z bei einer Retentionszeit von 2,4 min (Pfeil in (a2)) im negativen Ionisierungsmodus. Raute markiert die fragmentierte Gesamtmasse 180 m/z.

Diese Ergebnisse lassen darauf schließen, dass die AT PglE tatsächlich eine reversible Transaminierungsreaktion katalysiert, bei der L-Phg wieder zu PGLX umgesetzt wird (Abbildung 26). Des Weiteren konnte gezeigt werden, dass dabei das Co-Substrat OH-PP zu Tyr bzw. das Co-Substrat PP zu Phe umgewandelt wird. Zudem konnte damit indirekt bewiesen werden, dass PP tatsächlich während der PglE-Hinreaktion aus Phe (Abschnitt 4.1.4.2) entsteht.

4.2 Untersuchungen zur heterologen D- und L-Phenylglycinproduktion

Bereits in früheren Arbeiten wurde versucht, das native pgl_L-Operon zur Synthese von L-Phg und das artifizielle pgl_D-Operon zur Synthese von D-Phg (Abschnitt 2.6) in *E. coli* bzw. *S. lividans* heterolog zu exprimieren [Mast, 2008; Kocadinc, 2011; Kübler, 2012]. Zum einen sollte mit Hilfe der heterologen Expression des pgl_L-Operons ein funktioneller Nachweis erbracht werden, dass alleine die in dem nativen pgl_L-Operon lokalisierten *pgl*-Gene tatsächlich für die Synthese der aproteinogenen Aminosäure L-Phg verantwortlich sind. Zum anderen sollte durch die Expression des pgl_D-Operons das industriell interessantere Enantiomer D-Phg fermentativ produziert werden. Jedoch war es bislang nicht möglich, auf diese Weise L-Phg bzw. D-Phg zu erhalten.

In dieser Arbeit sollte die heterologe Expression beider Operone sowohl in *E. coli* als auch in *S. lividans* erneut untersucht werden. Anders als in Vorarbeiten sollte zum einen *E. coli* DH5α als alternativer Expressionsstamm untersucht werden. Außerdem sollte erstmals versucht werden, die fermentative Produktion von D-Phg unter Verwendung des synthetischen, an die *E. coli*- Codon Usage angepassten pgl_D-Operons (*synth.*pgl_D) in *E. coli* zu ermöglichen. Für die Expression der *pgl*-Operone in *S. lividans* sollte pRM4 als alternativer Expressionsvektor untersucht werden. Neben der Verwendung anderer bzw. optimierter Nährmedien zur Kultivierung der jeweiligen Expressionsstämme, wurde zudem versucht, die Aufreinigungsmethode für die aproteinogene Aminosäure Phg zu optimieren.

Der Nachweis der beiden Enantiomere D- und L-Phg erfolgte dabei mit Hilfe der GC-MS, da gezeigt werden konnte, dass bei der Gaschromatographie die beiden Enantiomere aufgrund unterschiedlicher Retentionszeiten (R_t von D-Phg: ~9,4 min, R_t von L-Phg: ~9,7 min) unterschieden werden können [Kübler, 2012]. Zudem diente das spezifischen Fragmentierungsmuster des derivatisierten Phg (relevante Massen: 79, 107, 202, 229 und 261 m/z bei der Massenspektrometrie) zur eindeutigen Identifizierung von Phg in den Proben (Abbildung 30).

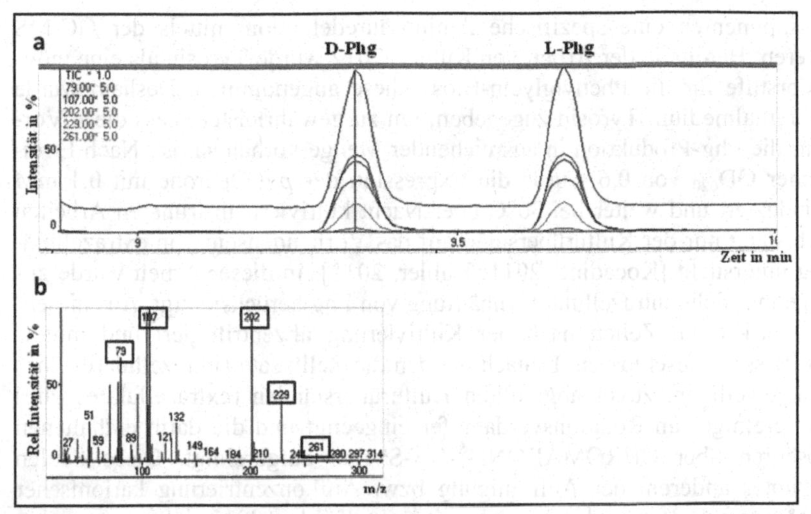

Abbildung 30: GC-MS-Analyse des derivatisierten L-, D-Phenylglycin (Phg)-Gemisches als Referenz. (a) GC-Spektrum von D-Phg (R_t ~9,4 min) und L-Phg (R_t ~9,7 min). (b) MS-Spektrogramm von Phg

4.2.1 *Untersuchungen zur heterologen Expression der pgl-Operone in E. coli*

4.2.1.1 Heterologe Expression der *pgl*-Operone in *E. coli* DH5α

In Vorarbeiten konnte gezeigt werden, dass sich die *E. coli*-Stämme Rosetta (DE3) pLys, BL21 (DE3) pLys und XL1 Blue aufgrund einer in den Negativkontrollen beobachteten (Rosetta- und BL21-Stamm mit leeren Expressionsvektor) bzw. nicht erfolgreichen Phg-Produktion (XL1 Blue) nicht für die heterologe Expression der *pgl*-Operone eignen [Kocadinc, 2011; Kübler, 2012]. Da in der Arbeit von Müller et al., 2006 die Expression eines artifiziellen D-Phg-Operons in dem *E. coli* Stamm DH5α erfolgreich war und in der entsprechenden Negativkontrolle kein Phg detektiert wurde, sollte die Expression der *pgl*-Operone in diesem Stamm untersucht.

Hierfür wurden die bereits vorhandenen Plasmide pRSETB/pgl_L und pRSETB/pgl_D sowie der leere Vektor pRSETB (Negativkontrolle) nach *E. coli* DH5α transferiert. Die beiden *pgl*-Operone befinden sich hierbei unter der Kontrolle eines IPTG-induzierbaren Promotors (Karten siehe Anhang). Die entsprechenden Stämme wurden in Minimalmedium (MSA) bei 37°C angezogen. Es wurde nicht mit Komplexmedium gearbeitet, weil die zahlreichen darin enthaltenen Komponenten eine spezifische Aminosäuredetektion mittels der GC-MS erschweren. Bereits in der Arbeit von Kübler, 2012 wurde Tyrosin als eine mögliche Vorstufe für die Phenylglycin-Biosynthese angenommen. Deshalb wurde dem Minimalmedium Tyrosin zugegeben, um zu gewährleisten, dass diese Vorstufe für die Phg-Produktion in ausreichender Menge vorhanden ist. Nach Erreichen einer OD_{620} von 0,6 wurde die Expression der *pgl*-Operone mit 0,1 mM IPTG induziert und weiter bei 30°C über Nacht kultiviert. In früheren Arbeiten wurde bislang nur der Kulturüberstand auf das Vorhandensein von extrazellulären Phg untersucht [Kocadinc, 2011; Kübler, 2012]. In dieser Arbeit wurde zudem eine mögliche intrazelluläre Anhäufung von Phg berücksichtigt. Aus diesem Grund wurden die Zellen nach der Kultivierung abzentrifugiert und mittels French Press aufgeschlossen. Danach wurden die Zelllysate (intrazelluläres Phg) mit den jeweiligen, zuvor abgefüllten Kulturüberständen (extrazelluläres Phg) wieder vereinigt, am Rotationsverdampfer eingeengt und die darin enthaltenen Aminosäuren über CHROMABOND®-SA-Säulen aufgereinigt. Diese Säulen dienen unter anderem der Aufreinigung bzw. Aufkonzentrierung kationischer Aminosäuren wie Phg und wurden bereits von Kübler, 2012 dafür verwendet. Anders als bei Kübler, wurden in diesem Fall die jeweiligen Proben vor der Säulenbeladung auf einen pH-Wert von etwa 2 eingestellt und die Elution mit einem NH_3-haltigen- statt eines Essigsäure-haltigen Methanol/Aceton-Puffer durchgeführt. Es wurde gehofft, dass durch diese Modifizierungen Phg in höheren Mengen eluiert wird. Anschließend wurden die Proben mit Methanol/HCl und Trifluoressigsäureanhydrid derivatisiert und auf das Vorhandensein des daraus resultierenden Phenylglycin-Derivats Phenyltrifluoracetamid-Essigsäuremethylester mittels GC-MS analysiert.

Während der GC-MS-Analyse konnten weder in der Negativkontrolle (DH5α pRSETB) noch in den Expressionproben DH5α pRSETB/pgl_L bzw. pRSETB/pgl_D Phg-spezifische Peaks detektiert werden (Daten nicht gezeigt). Damit war eine Expression der *pgl*-Operone nicht möglich. Anhand der Tatsache, dass in der Negativkontrolle kein Phg detektiert wurde, konnte eine Phg-Produktion durch den DH5α Stamm selbst ausgeschlossen werden.

4.2.1.2 Heterologe Expression des synthetischen pgl_D-Operons in *E. coli*

Da die Expression der *pgl*-Operone bislang in keinem der untersuchten *E. coli*-Stämme (Rosetta 2(DE3) pLys, BL21 (DE3) pLys, XL1 Blue und DH5α) erfolgreich war, liegt der Verdacht nahe, dass diese *E. coli*-Stämme nicht in der Lage sind, die GC-reichen *Streptomyces*-Gene der *pgl*-Operone zu exprimieren. Wie bereits in der Arbeit von Kübler, 2012 vorgeschlagen, könnte dieses Problem durch die synthetische Anpassung der *pgl*-Operone an die Codon Usage von *E. coli* gelöst werden. Um zumindest die fermentative Produktion des Enantiomers D-Phg in *E. coli* zu erreichen, wurde deshalb von der Firma Biomatik (Ontario, Kanada) das synthetische pgl_D-Operon generiert, wobei die gesamte GC-reiche Sequenz dieses Operons in AT-reiche *E. coli*-Codons umgeschrieben wurde.

Die heterologe Expression des synthetischen pgl_D-Operons (*synth.*pgl_D) wurde sowohl in *E. coli* Rosetta (DE3) pLys als auch in den *E. coli*-Stämmen DH5α und XL1 Blue untersucht. Die beiden letzteren wurden analysiert, weil sie, wie in Vorversuchen gezeigt, im Vergleich zum Rosetta-Stamm kein Phg produzieren (Abschnitt 4.2.1.1; [Kübler, 2012]) und sich deshalb für die fermentative Produktion von D-Phg eignen. Da das *synth.*pgl_D-Operon an die Codon Usage von *E. coli* angepasst ist, ist zu erwarten, dass die Expression bzw. Translation in den Stämmen funktioniert.

Für die Expression wurden das Plasmid pRSETB/*synth.*pgl_D (als fertiges Konstrukt von Fa. Biomatik erhalten) (Karte siehe Anhang) und der leere Vektor pRSETB (Negativkotrolle) jeweils in die entsprechenden *E. coli*-Stämme eingebracht. Zur Selektion richtiger Transformanten diente die auf dem pRSETB-Vektor kodierte Ampicillin-Resistenz.

Die damit erhaltenen *E. coli*-Stämme Rosetta pRSETB bzw. pRSETB/*synth.*pgl_D, DH5α pRSETB bzw. pRSETB/synth.pgl_D und XL1 Blue pRSETB bzw. pRSETB/synth.pgl_D wurden ausschließlich in Minimalmedium (MSA) bei 37°C angezogen. Zum Minimalmedium wurde neben Tyr, Phe und Glu hinzugegeben, um zu gewährleisten, dass diese potentiellen Vorstufen für die Phg-Biosynthese in ausreichenden Mengen vorhanden sind (Abschnitt 5.2). Nach Erreichen einer OD_{620} von 0,6 wurde die Expression des *synth.*pgl_D-Operons mit 0,1 mM IPTG induziert und weiter über Nacht sowohl bei 30°C als auch bei 25°C kultiviert. Im weiteren Verlauf wurden die Kulturen für die GC-MS-Analyse, wie bereits in Abschnitt 4.2.1.1 beschrieben, aufbereitet.

Die GC-MS-Analyse ergab, unabhängig davon, bei welcher Temperatur induziert wurde, sowohl für die Negativkontrollen (Rosetta, DH5α und XL1 Blue mit leerem pRSETB-Vektor) (Abbildung 31) als auch für die Expressionsproben aus *E. coli* Rosetta, DH5α und XL1 Blue mit dem pRSETB/*synth.*pgl_D-Plasmid eine positive Phg-Detektion. In allen Proben waren Spuren von D- und L-Phg nachweisbar (Daten nicht gezeigt). Da sich die detektierten Mengen an D-Phg in den jeweiligen Expressions- und Negativkontrollproben nicht signifikant voneinander unterschieden, wird zum einen davon ausgegangen, dass die *E. coli* Stämme DH5α und XL1 Blue, trotz vorheriger Annahme (siehe oben), sowohl D- als auch L-Phg selbst produzieren und zum anderen, dass die Expression des synthetischen pgl_D-Operons bzw. die D-Phg-Produktion in keinem der untersuchten *E. coli*-Stämme erfolgreich war.

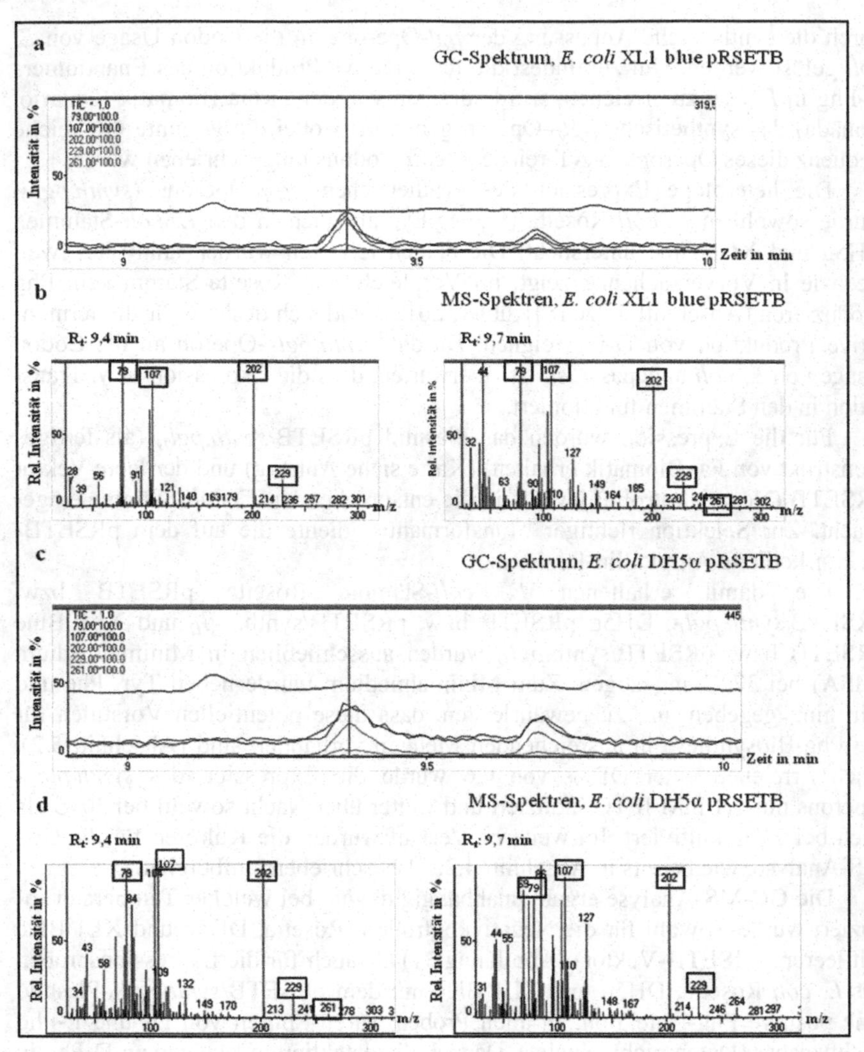

Abbildung 31: GC-MS-Analyse der Negativkontrollen *E. coli* XL1 Blue pRSETB (a, b) und DH5α pRSETB (c, d). Es sind die entsprechenden GC- Spektren (a, c) und MS-Spektren bei den Retentionszeiten von 9,3 min und 9,7 min (b, d) jeweils gezeigt.

4.2.2 *Heterologe Expression des pgl_L- und pgl_D-Operons in S. lividans*

Neben den Expressionsversuchen in *E. coli* sollte erneut versucht werden, die beiden *pgl*-Operone in *S. lividans* zu exprimieren. Bereits in der Arbeit von Kocadinc, 2011 wurde dies unter Verwendung der rekombinanten Fusionsplasmide pGM9/pRSETB/pgl_L und pGM9/pRSETB/pgl_D untersucht. In beiden Fällen konnte kein Phg als Expressionsprodukt der *pgl*-Operone nachgewiesen werden. In dieser Arbeit sollte mit den bereits vorhandenen Expressionsplasmide pRM4/pgl_L und pRM4/pgl_D gearbeitet werden [Ort-Winklbauer, persönliche Mitteilung]. Im Gegensatz zu den Fusionsplasmiden von Kocadinc, bei denen die *pgl*-Operone unter der Kontrolle des Thiostrepton-induzierbaren Promotors *tipA* stehen, befinden sich die Operone in den pRM4-Plasmiden hinter dem konstitutiven Promotor *ermE* (Karten siehe Anhang). Für die heterologe Expression beider *pgl*-Operone in *S. lividans* wurden die Plasmide pRM4/pgl_L, pRM4/pgl_D sowie der leere Vektor pRM4 (Negativkontrolle) mit Hilfe der Protoplastentransformation jeweils in den *S. lividans* T7-Stamm eingebracht. Zur Selektion richtiger Transformanten diente die durch das *apra*-Gen auf pRM4 kodierte Apramycin-Resistenz. Die somit erhaltenen Stämme *S. lividans* pRM4, *S. lividans* pRM4/pgl_L bzw. *S. lividans* pRM/pgl_D wurden sowohl in S-Medium als auch in Minimalmedium (SMM) drei Tage lang bei 30°C angezogen. Dem Minimalmedium wurde Tyrosin zugegeben. Im weiteren Verlauf wurden die Kulturen für die GC-MS-Analyse, wie bereits in Abschnitt 4.2.1.1 beschrieben, aufbereitet.

Die GC-MS-Analyse ergab, unabhängig davon in welchem Medium (S- und SMM-Medium) die Stämme kultiviert wurden, dass weder in der Negativkontrollprobe *S. lividans* pRM4 noch in den Expressionsproben *S. lividans* pRM4/pgl_L bzw. pRM4/pgl_D Phg detektiert werden konnte. In keiner der Proben konnten L-Phg bzw. D-Phg -spezifische Peaks identifiziert werden (Daten nicht gezeigt). Demnach war die Expression beider *pgl*-Operone, trotz Verwendung anderer Expressionsplasmide, nicht erfolgreich.

4.3 Transkriptionsanalysen des pgl_L-Operons

4.3.1 *Transkriptionsanalyse des pgl_L-Operons in S. pristinaespiralis*

Bereits in einer früheren Arbeit konnte gezeigt werden, dass die Phenylglycin-Biosynthesegene (*pglA-E*) zusammen mit dem *mbtY*-Gen in einer Operon-ähnlichen Struktur (pgl_L-Operon) vorliegen und zwischen den Peptidsynthetasegenen *snaD* (≙ PII-NRPS) und *snbDE* (≙ PI-NRPS, die unter anderem Phg in PI einbaut) lokalisiert sind [Mast et al., 2011a]. Diese Annahme beruht allerdings ausschließlich auf *in silico*-Analysen. Daher sollte die transkriptionelle Kopplung der *pgl*-Gene mit Hilfe der RT-PCR experimentell nachgewiesen werden.

Für die RT-PCR-Analyse sollte zunächst RNA aus *S. pristinaespiralis* gewonnen werden. Hierfür wurde der Wildtyp-Stamm *S. pristinaespiralis* Pr11 in VK-Medium drei Tage angezogen und anschließend in HK-Medium überimpft. Es wurde eine 30 ml Probe nach 24 h gezogen, das Pellet abzentrifugiert und für die RNA-Isolierung eingesetzt (Abschnitt 3.22.3).

Die Qualität der RNA-Probe wurde mittels der Agarose-Gelelektrophorese analysiert. Hierbei konnten die für die 23 S rRNA und 16 S rRNA charakteristischen Banden im Gelbild identifiziert werden (Abbildung 32, (a)). Die RNA wurde mit Hilfe des Enzyms Reverse Transkriptase (RT) in cDNA umgeschrieben. Um sicherzustellen, dass die RNA-Probe nicht mit DNA kontaminiert war, wurde eine Kontroll-PCR mit RNA als Template und den RT-hrdB-Primern (Negativkontrolle) durchgeführt. Diese Primer sind spezifisch für das in *Streptomyces* konstitutiv exprimierte Gen *hrdB*, das für einen Sigma Faktor kodiert. Um den Erfolg der RT-Reaktion zu überprüfen, wurde eine Kontroll-PCR mit der generierten cDNA als Template und den RT-hrdB-Primern (Positivkontrolle) durchgeführt.

In der RNA-PCR-Probe konnte kein *hrdB*-Amplifikat (126 bp) identifiziert werden. Hingegen war in der cDNA-PCR-Probe eine eindeutige *hrdB*-Bande erkennbar (Abbildung 32, (b)). Daraus lässt sich schließen, dass die RNA keine DNA-Reste enthielt und dass die cDNA-Synthese erfolgreich war.

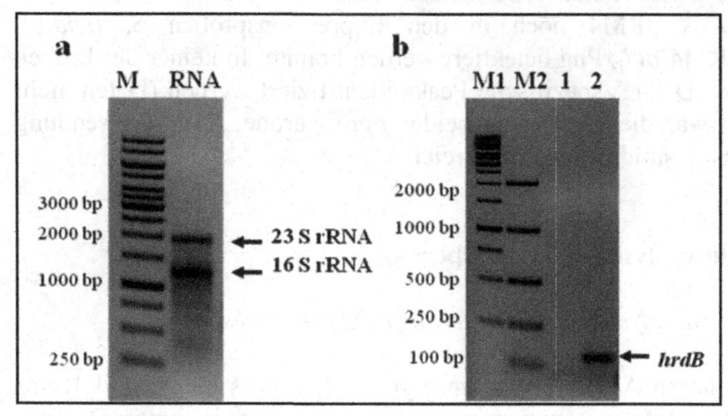

Abbildung 32: Nachweis der aus *S. pristinaespiralis* Pr11 isolierten RNA nach 24 h in einem 1%-Agarosegel (a) und Analyse der PCR mit der RNA (1) (Negativkontrolle) bzw. cDNA (2) (Positivkontrolle) als Template und RT-hrdB-Primern in einem 2%-Agarosegel (b). (M, M1) 1 kb GeneRuler (Thermo Scientific), (M2) EasyLadder I (Bioline). Annealing-Temp. während PCR: 58°C.

Um nachzuweisen, dass die *pgl*-Gene und das *mbtY*-Gen des pgl_L-Operons tatsächlich als ein polycistronischer mRNA-Strang transkribiert werden und somit transkriptionell gekoppelt sind, sollten die überlappenden Sequenzbereiche zwischen den Genen (Amplifikat B', C', D', E') unter Verwendung spezifischer Primer und der entsprechenden cDNA als Template mittels PCR amplifiziert werden (Abbildung 33).

Die Zugehörigkeit des *snbDE* Gens zum pgl_L-Operons wurde aufgrund des Vorhandenseins eines nicht-kodierenden Sequenzbereiches zwischen dem Startcodon von *pglA* und dem Stoppcodon von *snbDE* bislang ausgeschlossen [Mast et al., 2011a]. Mit einer Größe von 17 bp ist dieser nicht-kodierende Sequenzbereich jedoch höchstwahrscheinlich zu klein, als dass es als ein funktionaler Promotor fungieren könnte. Aus diesem Grund liegt die Vermutung nahe, dass auch das *snbDE*-Gen Teil des pgl_L-Operons ist. Zur Prüfung dieser Annahme sollte auch die Amplifikation des Sequenzbereiches zwischen *snbDE* und *pglA* (Amplifikat A') unter Verwendung der generierten cDNA als Template und spezifischer Primer untersucht werden (Abbildung 33).

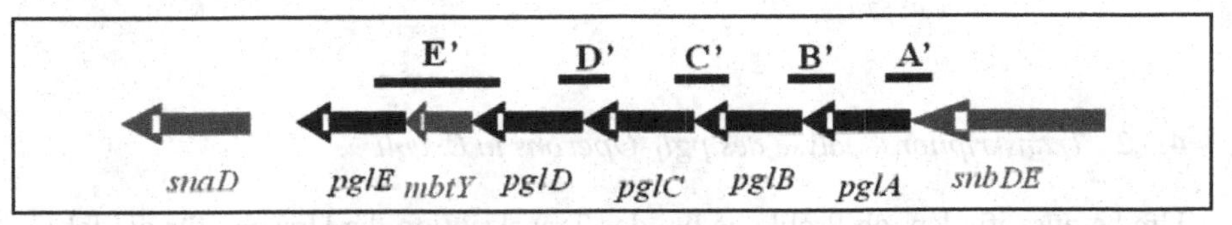

Abbildung 33: Schematische Darstellung des pgl_L-Operons mit den aus der RT-PCR resultierenden Amplifikaten (A'-E'), die die überlappenden Bereiche der entsprechenden Gene abdecken.

Zur Generierung der entsprechenden Amplifikate wurden die Primerpaare snbDE/pglA_fw/rev (Amplifikat A', 240 bp), pglA/B_fw/rev (Amplifikat B', 203 bp), pglB/C_fw/rev (Amplifikat C', 224 bp), pglC/D_fw/rev (Amplifikat D', 201 bp) und pglD/E_fw/rev (Amplifikat E', 341 bp) und die erfolgreich umgeschriebene cDNA-Probe als Template benutzt. In der anschließenden gelelektrophoretischen Analyse der RT-PCR-Produkte konnten alle zu erwartenden Amplifikate (A'-E') nachgewiesen werden (Abbildung 34).

Diese Ergebnisse zeigen, dass die *pgl*-Gene tatsächlich transkriptionell gekoppelt sind. Des Weiteren konnte gezeigt werden, dass das PI-Peptidsynthetasegen *snbDE* Bestandteil des pgl_L-Operons ist. Zudem ist nun bekannt, dass die Transkription des pgl_L-Operons bereits nach 24 h in *S. pristinaespiralis* stattfindet.

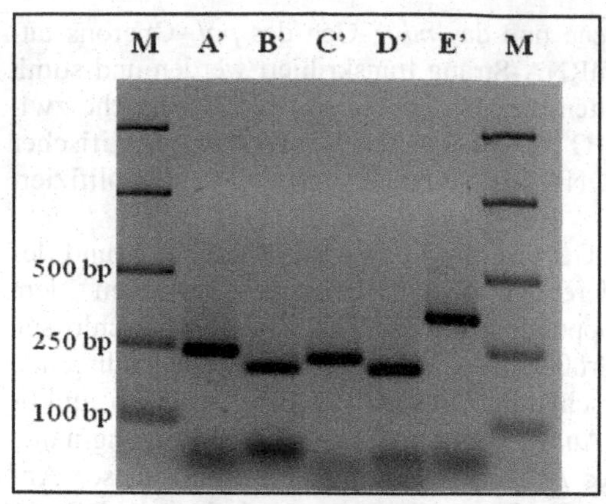

Abbildung 34: Analyse der RT-PCR-Produkte A', B', C', D' und E' in einem 2%-Agarosegel. Die PCR-Ansätze beinhalteten jeweils cDNA von *S. pristinaespiralis* (24 h-Probe) als Template und die Primerpaare snbDE/pgA_fw/rev (A'), pglA/B_fw/rev (B'), pglB/C_fw/rev (C'), pglC/D_fw/rev (D') bzw. pglD/E_fw/rev (E'). (M) EasyLadder I (Bioline). Annealing-Temp. während PCR: 57°C.

4.3.2 *Transkriptionsanalyse des pgl_L-Operons in E. coli*

Um herauszufinden, ob Probleme bei der Transkription die Ursache für die fehlgeschlagene Expression der *pgl*-Operone in *E. coli* bzw. *S. lividans* waren (Abschnitt 4.2), sollte die Transkription der *pgl*-Operone mit Hilfe der RT-PCR in den entsprechenden Expressionsstämmen untersucht werden.

In dieser Arbeit wurde nur die Transkription des pgl_L-Operons in *E. coli* untersucht. Hierfür wurde der *E. coli*-Stamm Rosetta 2(DE3) pLys mit dem Plasmid pRSETB/pgl_L verwendet und zunächst in LB-Medium bei 37°C angezogen. Nach Erreichen einer OD_{578} von 0,6 wurde die Expression des pgl_L-Operons mit 0,1 mM IPTG induziert und die Kultur über Nacht bei 30°C weiter angezogen. Nach der Anzucht wurde eine 10 ml Kulturprobe gezogen und für die RNA-Isolierung verwendet (Abschnitt 3.22.3).

Der Erfolg der RNA-Isolierung wurde zunächst mittels Agarose-Gelelektrophorese überprüft. Wie erwartet, konnten die beiden charakteristischen RNA-Banden, 23 S rRNA und 16 S rRNA, detektiert werden (Abbildung 35, (a)). Anschließend wurde die RNA mit Hilfe des Enzyms Reverse Transkriptase (RT) in cDNA umgeschrieben. Um sicherzustellen, dass die RNA-Probe frei von DNA und dass die Umschreibung in cDNA erfolgreich war, wurde eine

Kontroll-PCR mit RNA (Negativkontrolle) und cDNA (Positivkontrolle) als Template durchgeführt. Als Primer für die Kontroll-PCR wurden die Primer gapAfw und gapArev verwendet, die spezifisch für das in *E. coli* konstitutiv exprimierte *gapA* Gen sind, das für das essentielle Glykolyse-Enzym Glycerinaldehyd-3-Phosphat-Dehydrogenase (GAPDH) kodiert. Außerdem wurde eine weitere Kontroll-PCR unter Verwendung der Primer T7fw und T7rev durchgeführt, die spezifisch für das T7-RNA-Polymerasegen (*T7 Gene 1*) sind. Damit wurde gleichzeitig untersucht, ob das Gen für die T7-RNA-Polymerase transkribiert wird. Die T7-RNA-Polymerase ist für die Transkription des pgl_L-Operons in *E. coli* Rosetta essentiell, da sich das pgl_L-Operon im pRSETB-Plasmid unter der Kontrolle des IPTG-induzierbaren T7-Promotors befindet.

In den RNA-PCR-Proben konnte weder das *gapA*-Amplifikat (199 bp) noch das *T7 Gene 1*-Amplifikat (173 bp) identifiziert werden (Abbildung 35, (b), (c)). Demnach war die RNA-Probe nicht mit DNA kontaminiert. Hingegen konnten beide Amplifikate in den cDNA-PCR-Proben nachgewiesen werden (Abbildung 35, (b), (c)). Damit konnte zum einen gezeigt werden, dass die RNA erfolgreich in cDNA umgeschrieben wurde, und zum anderen, dass das T7-RNA-Polymerasegen tatsächlich transkribiert wird.

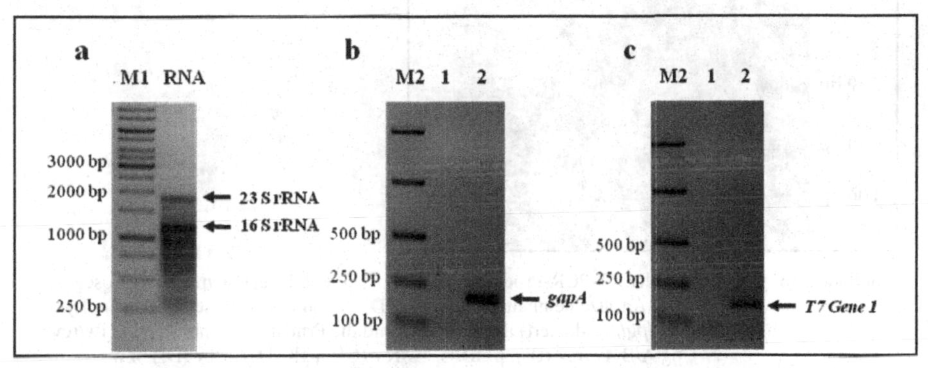

Abbildung 35: Nachweis der aus *E. coli* Rosetta 2(DE3) pLys pRSETB/pgl_L isolierten RNA in einem 1%-Agarosegel (a) und Analyse der PCR mit der RNA (1) (≙ Negativkontrolle) bzw. cDNA (2) (≙ Positivkontrolle) als Template und den gapAfw/rev- (b) bzw. T7fw/rev-Primern (c) in einem 2%-Agarosegel. (M1) 1 kb GeneRuler (Thermo Scientific). (M2) EasyLadder I (Bioline). Annealing-Temp. während PCR: 55°C (b) und 57°C (c).

Wie bereits bei der Transkriptionsanalyse des nativen pgl_L-Operons in *S. pristinaespiralis* sollte auch hier die Transkription des Operons über die Generierung der Amplifikate A'-E' mittels der RT-PCR nachgewiesen werden

(Abschnitt 4.3.1). Hierfür wurde eine PCR mit der erfolgreich umgeschriebenen cDNA und den Primerpaaren snbDE/pglA_fw/rev, pglA/B_fw/rev, pglB/C_fw/rev, pglC/D_fw/rev und pglD/E_fw/rev durchgeführt.

In den entsprechenden PCR-Proben konnten die Amplifikate B‘ (203 bp), C‘ (224 bp), D‘ (201 bp) und E‘ (341 bp) nachgewiesen werden. Somit war die Transkription des *pgl*$_L$-Operons in *E. coli* Rosetta 2(DE3) erfolgreich (Abbildung 36). Wie erwartet, konnte in diesem Fall das Amplifikat A‘ (240 bp) nicht nachgewiesen werden, da das *pgl*$_L$-Operon im pRSETB-Plasmid ohne das *snbDE*-Gen vorliegt.

Aufgrund dieser Ergebnisse kann die Aussage getroffen werden, dass die Transkription des *pgl*$_L$-Operons in *E. coli* Rosetta 2(DE3) pLys funktioniert und dass Probleme bei der Transkription somit als Ursache für die fehlgeschlagene Expression der Operone ausgeschlossen werden können.

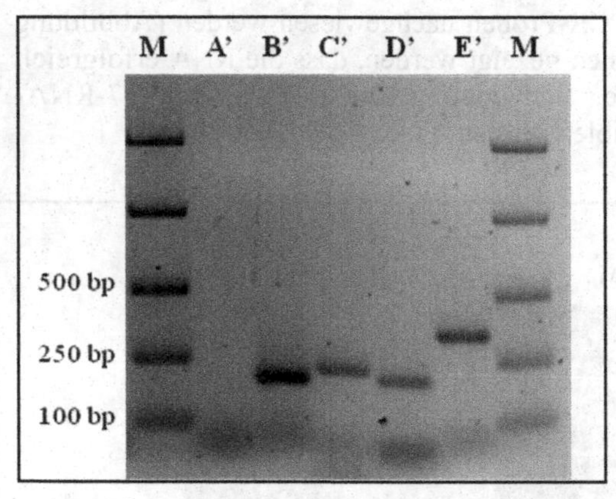

Abbildung 36: Analyse der RT-PCR-Produkte A‘, B‘, C‘, D ‘und E‘ in einem 2%-Agarosegel. Die PCR-Ansätze beinhalteten jeweils cDNA von *E. coli* Rosetta 2(DE3) pLys pRSETB/*pgl*$_L$ (induziert) als Template und die Primerpaare snbDE/pgA_fw/rev (A‘), pglA/B_fw/rev (B‘), pglB/C_fw/rev (C‘), pglC/D_fw/rev (D‘) bzw. pglD/E_fw/rev (E‘). (M) EasyLadder I (Bioline). Annealing-Temp. während PCR: 57°C.

5 Diskussion

5.1 Die L-Phenylglycin-Biosynthese

Die aproteinogene Aminosäure L-Phenylglycin (L-Phg) ist Bestandteil der Streptogramin-Peptidantibiotika Pristinamycin I und Virginiamycin S. Im Pristinamycin-Produzenten *S. pristinaespiralis* konnten die L-Phg-Biosynthesegene (*pglA*, *pglB*, *pglC*, *pglD* und *pglE*) identifiziert, durch *in silico*-Analysen charakterisiert und ihre Beteiligung an der L-Phg-Biosynthese durch Mutationsanalysen verifiziert werden. Zudem konnte ein entsprechender L-Phg-Biosyntheseweg bereits postuliert werden (Abschnitt 2.4) [Mast et al., 2011a]. Im Vergleich dazu ist über die L-Phg-Biosynthese im Virginiamycin-Produzenten *S. virginiae* bislang nur wenig bekannt. Kürzlich gelang es zwar, auch einige potentielle L-Phg-Biosynthesegene zu identifizieren und durch *in silico*-Analysen zu charakterisieren, jedoch gibt es fast keine experimentellen Nachweise darüber, ob sie tatsächlich für die L-Phg-Synthese verantwortlich sind [Ningsih et al., 2011]. Die hohen Sequenzähnlichkeiten der mutmaßlichen L-Phg-Biosyntheseproteine aus *S. virginiae* und denen aus *S. pristinaespiralis* (Tabelle 29) lassen jedoch vermuten, dass die L-Phg-Biosynthese in beiden Organismen höchstwahrscheinlich auf dieselbe Art und Weise verläuft.

Tabelle 29: Sequenzieller Vergleich der L-Phg-Biosyntheseproteine aus S. virginiae und S. pristinaespiralis. Sequenzanalyse wurde mit Hilfe der NCBI-Datenbank und des BlastP-Programms durchgeführt. Pyruvat-DH: Pyruvat-Dehydrogenase; BCDH: branched-chain α-Ketosäure-Dehydrogenase [nach Ningsih et al., 2011 und Mast et al., 2011a].

Protein (aa) aus *S. pristinaespiralis* und abgeleitete Funktion	Protein (aa) aus *S. virginiae* und abgeleitete Funktion	Identität/Ähnlichkeit in %
PglA (468) Phenylglycin-Dehydrogenase	**VisG** (464) Phenylacetyl-CoA-Dioxygenase	69/78
PglB (352) Pyruvat-DH α-Untereinheit	**BkdC** (367) BCDH E1α-Untereinheit	76/81
PglC (346) Pyruvat-DH β-Untereinheit	**BkdD** (328) BCDH E1β-Untereinheit	84/88
PglD (284) Typ II-Thioesterase	**ORF4** (275) Typ II-Thioesterase	62/72
PglE (437) Phenylglycin-Aminotransferase	**ORF6** (421) Phenylglycin-Aminotransferase	73/81

5.1.1 *Biochemische Analyse des L-Phg-Biosyntheseweges in S. pristinaespiralis*

Zur Verifizierung des vorgeschlagenen L-Phg-Biosyntheseweges aus *S. pristinaespiralis* sollten in dieser Arbeit die postulierten Reaktionen der einzelnen Pgl-Enzyme mit Hilfe von Enzymassays genauer untersucht werden. Solch eine biochemische Untersuchung setzt in erster Linie die Verfügbarkeit der entsprechenden Enzyme voraus. Bereits in einer früheren Arbeit wurde versucht, die einzelnen Pgl-Enzyme überzuexprimieren und aufzureinigen. Dabei gelang lediglich die Expression und Aufreinigung des Fusionsproteins HisPglA in *E. coli* mit geringer Ausbeute [Kübler, 2012]. In dieser Arbeit wurde mit Hilfe einer neuen Klonierstrategie versucht, das PglA-Enzym mit einer größeren Ausbeute sowie die Enzyme PglB/C, PglD und PglE zu exprimieren. Dazu wurden im ersten Versuch die nativen *pgl*-Gene aus *S. pristinaespiralis* in den Expressionsvektors pYT1 kloniert und die Expression in *E. coli* Rosetta durchgeführt. Bei der verwendeten Klonierstrategie wurde eine kürzere His-Tag-Sequenz (6 x His-Reste) an die *pgl*-Gene angehängt. Dies unterscheidet sich zu der von Kübler, 2012 verwendeten Strategie, bei der eine His-Tag-Sequenz mit einer Spacer-Region angehängt wurde. In dieser Arbeit war es erstmals möglich, das HisPglE-Fusionsprotein erfolgreich zu exprimieren und in einer guten Ausbeute aufzureinigen. Im Vergleich dazu war in der Arbeit von Kübler eine Expression von HisPglE, trotz Verwendung des gleichen Expressionsplasmids und des gleichen *E. coli*-Expressionsstammes, nicht nachweisbar. Somit ist davon auszugehen, dass die hier abgeänderte Klonierstrategie sich zumindest für die HisPglE-Expression besser eignet. Eine Expression von HisPglB/C und HisPglD konnte auch mit dieser neuen Klonierstrategie nicht erzielt werden. Interessanterweise war auch eine Expression von HisPglA, die aber bereits bei Kübler, 2012 erfolgreich war, damit nicht möglich. Eine während der PCR-Amplifikation verursachte Mutation, die unter anderem zu einem frühzeitigen Translationsstopp führen kann, konnte sowohl für *pglA* als auch für die anderen *pgl*-Gene mit Hilfe von Sequenzanalysen aller klonierten Expressionsplasmiden ausgeschlossen werden. Stattdessen wird vermutet, dass es in diesem Fall zur Bildung von unlöslichen HisPglA-Proteinaggregaten (*inclusion bodies*) kam. Somit ist davon auszugehen, dass sich die Klonierstrategie von Kübler, 2012 für die HisPglA-Expression besser eignet, da der längere His-Tag vermutlich eine bessere Löslichkeit des rekombinanten HisPglA-Proteins ermöglicht. Auch im Bezug auf HisPglB/C und HisPglD kann eine Proteinaggregation als Ursache für die erfolglose Expression nicht ausgeschlossen werden. Eine Untersuchung der entsprechenden unlöslichen Fraktionen bei der Proteinaufreinigung wurde nicht unternommen, da im Falle einer solchen Proteinaggregation es vermutlich nicht möglich wäre, die entsprechenden Pgl-Enzyme in ihrer biologisch aktiven Form aufzureinigen, was aber für die nachfolgende Untersuchung in Enzymassays unabdingbar wäre.

Eine weitere Ursache für die fehlgeschlagene Expression der Enzyme HisPglB/C und HisPglD könnte, wie bereits von Kübler, 2012 angenommen, darin liegen, dass der *E. coli* Rosetta-Stamm, trotz seiner zusätzlichen tRNAs zur Erkennung in *E. coli* seltener Codons, nicht in der Lage ist, die GC-reichen *pgl*-Gensequenzen zu translatieren. GC-reiche *Streptomyces*-Gene lassen sich in *E. coli* häufig schlecht oder gar nicht exprimieren [Heinzelmann et al., 2001; Mast, 2008; Musiol, 2011]. Der Grund hierfür liegt vor allem in der unterschiedlichen Codon Usage der GC- und AT-reichen Organismen [Kane, 1995; Terpe, 2006]. Um dennoch eine Expression GC-reicher *Streptomyces*-Gene zu ermöglichen, gibt es neben der Verwendung optimierter *E. coli*-Stämme, wie z.B. Rosetta, weitere Möglichkeiten: Zum einen kann man *Streptomyces*-Gene in einem anderen, geeigneteren heterologen Wirtsorganismus exprimieren wie z.B. *S. lividans*. Die nahe Verwandtschaft der *Streptomyces*-Stämme und die damit zusammenhängenden gleichen Bedingungen auf genetischer und zellulärer Ebene versprechen eine erfolgreiche heterologe Expression von *Streptomyces*-Genen. Der Nachteil ist jedoch, dass in diesem Fall eine Proteinexpression und -Aufbereitung im Vergleich zu *E. coli* zeitaufwendiger ist. Aus diesem Grund wurde der Versuch, die fehlenden Pgl-Enzyme in *S. lividans* zu exprimieren, in dieser Arbeit nicht unternommen. Eine weitere Möglichkeit bietet die Synthetische Biologie, bei der Gene synthetisch an die Codon Usage des Expressionsorganismus angepasst werden. Dabei wird die DNA-Sequenz eines Gens verändert, die ursprüngliche Proteinsequenz jedoch beibehalten. Mit Hilfe des von Biomatik generierten, Codon Usage-optimierten pgl_D-Operons (*synth.*pgl_D), welches in erster Linie zur Realisierung der fermentativen D-Phg-Produktion in *E. coli* verwendet wurde (Abschnitt 5.2), sollte in dieser Arbeit die Expression der fehlenden Enzyme PglB/C und PglD sowie eine bessere Expression von PglA in *E. coli* ermöglicht werden. Dieses Operon enthält die synthetischen L-Phg-Biosynthesegene *pglA*, *pglB*, *pglC* und *pglD* aus *S. pristinaespiralis* sowie das synthetische *hpgAT*-Gen, das für eine stereoinvertierende Aminotransferase aus *P. putida* kodiert und für die Bildung von D-Phg verantwortlich ist. Für die heterologe Expression wurden die synthetischen Gene aus dem *synth.*pgl_D-Operon mit einem 6xHis-Tag fusioniert, in den Expressionsvektor pYT1 kloniert und *E. coli* Rosetta als Expressionsstamm verwendet. Doch auch bei diesem Expressionsversuch konnte weder für die Enzyme HisPglA, HisPglB/C, HisPglD noch für das HisHpgAT-Enzym, welches nur zur Expressionskontrolle mit untersucht wurde, eine erfolgreiche Expression nachgewiesen werden. Da das Problem der Codon Usage in diesem Fall ausgeschlossen werden konnte, wurde vermutet, dass es zur Bildung von Proteinaggregaten kam. Aus diesem Grund wurden die unlöslichen Fraktionen der Pgl- bzw. HpgAT-Expressionsprobe/n analysiert. Tatsächlich war in allen Fällen die Bildung von unlöslichen Aggregaten bereits nach 3-stündiger Expression bei 30°C nachweisbar. Eine Aufreinigung der meist denaturierten und fehlgefalteten Proteine aus den entsprechenden Aggregaten würde sich aufgrund eines möglichen Aktivitätsverlustes der Enzyme nicht eignen. Um den Expressionslevel zu senken und damit die Löslichkeit der Pgl-Proteine zu verbessern, wurden die Expressionskulturen bei 18°C über Nacht kultiviert. In diesem Fall konnte weder in den löslichen noch in den unlöslichen Fraktionen die entsprechenden HisPgl-Enzyme detektiert werden. Somit ist diese Temperaturwahl für die Expression der HisPgl-Enzyme generell nicht geeignet. Jedoch gelang es dabei, eine erfolgreiche Expression des HisHpgAT-Enzym in löslicher Form nachzuweisen. Das Temperaturoptimum von *P. putida* liegt bei ca. 30°C. Da dieser aber ein sehr breites Temperaturspektrum besitzt, ist vermutlich aus diesem Grund die Expression bzw. hohe Löslichkeit des *P. putida*-Proteins HpgAT bei 18°C möglich [Mast, persönliche Mitteilung].

Da in dieser Arbeit die Expression der Enzyme HisPglB/C und HisPglD unter Verwendung der synthetischen *pgl*-Gene in *E. coli* im Prinzip nachgewiesen werden konnte, sollte dieser Ansatz in zukünftigen Experimenten weiter verfolgt und im Hinblick auf die Gewinnung löslicher Pgl-Proteine optimiert werden. In der Literatur werden viele Möglichkeiten beschrieben, wie man die Aggregation rekombinanter Proteine verhindern könnte. Zum einen könnte dies durch die Senkung der Kultivierungstemperatur, die zur Reduktion der Proteinexpression generell führt, erreicht werden. Im Bezug darauf wäre bei der Temperaturwahl die Mitte zwischen den beiden hier bereits untersuchten Temperaturen (30°C, 18°C) zu empfehlen. Des Weiteren könnte durch die Reduktion der Induktorkonzentration oder durch die Verwendung eines anderen Expressionssystems der Expressionslevel reduziert und damit die Bildung von Proteinaggregaten verhindert werden. Eine bessere Löslichkeit der Zielproteine könnte auch durch die Verwendung eines längeren Affinität-Tags wie z.B. MBP-Tag (Maltose-Bindeprotein-Tag) oder GST-Tag (Glutathion S-Transferase-Tag) anstelle des His-Tags erreicht werden [Terpe, 2003]. Schließlich könnte auch die Zugabe von Betaine/Sorbitol zum Medium zur Minimierung einer Aggregation und zur besseren Faltung rekombinanter Proteine führen [Blackwell und Horgan, 1991]. Sollte damit die gewünschte Expression und Aufreinigung der fehlenden Pgl-Enzyme nicht gelingen, dann wäre die Verwendung eines alternativen Expressionsorganismus wie z.B. *S. lividans* oder *Rhodococcus jostii* für die Expression der *pgl*-Gene zu empfehlen.

Zur biochemischen Analyse der jeweiligen Pgl-Reaktionen mit Hilfe von Enzymassays sollte als Nachweis die HPLC-MS/MS-Methode verwendet werden. Für dieses Verfahren ist es essentiell, dass die Produkte und Substrate der jeweiligen

Pgl-Reaktionen als reine Referenzsubstanzen zur Verfügung stehen. Kommerziell erhältlich sind allerdings nur Phenylpyruvat, Phenylacetyl-CoA, Phenylglyoxylat (PGLX) und Phg, sodass zunächst nur Enzymassays mit PglB/C und PglE direkt durchführbar sind. Für PglA ist zwar das potentielle Substrat Phenylacetyl-CoA kommerziell verfügbar, nicht jedoch Benzoylformyl-CoA, dass als Referenz zum Nachweis dieses als Produkt der PglA-katalysierten Reaktion nötig wäre. Aus diesem Grund konnte bislang kein Enzymassays mit HisPglA, trotz erfolgreicher Expression und Aufreinigung, durchgeführt werden [Kübler, 2012]. Entsprechend kann auch die PglD-Reaktion nicht untersucht werden, bei der Benzoylformyl-CoA als potenzielles Substrat dient. Nichtsdestotrotz könnte dieses Problem in beiden Fällen umgangen werden, indem man die PglD-Reaktion als Folgereaktion der PglA-Reaktion indirekt untersucht und das potentielle und hingegen verfügbare Produkt der PglD-Reaktion PGLX nachweist. Da die Expression und Aufreinigung von HisPglD nicht möglich war, konnte bislang kein entsprechender Ansatz für diesen gekoppelten Enzymassay durchgeführt werden. Auch die PglB/C-Reaktion konnte mangels erfolgreicher Expression und Aufreinigung dieses Enzymkomplexes mit Hilfe eines Enzym-assays nicht verifiziert werden. Hingegen war es möglich, die PglE-Reaktion aufgrund der Verfügbarkeit des aufgereinigten HisPglE-Enzyms und des postulierten PglE-Substrats bzw. –Produkts biochemisch zu charakterisieren.

5.1.2 *Die Aminotransferase PglE*

Für die Aminotransferase PglE wurde angenommen, dass diese den letzten Reaktionsschritt während der L-Phenylglycin-Biosynthese in *S. pristinaespiralis* katalysiert, bei dem Phenylglyoxylat (PGLX) zu L-Phg umgewandelt wird (Abschnitt 2.4, Abbildung 7) [Mast et al., 2011a].

In dieser Arbeit wurde gezeigt, dass sich PGLX in der *S. pristinaespiralis pglE::apra* Mutante im Vergleich zum Wildtyp signifikant anhäuft. Somit wurde indirekt nachgewiesen, dass PGLX tatsächlich das Substrat von PglE darstellt. Mit Hilfe eines Enzymassays konnte die Funktion des erfolgreich exprimierten und aufgereinigten HisPglE-Enzyms genauer charakterisiert werden. In diesem Enzymassay konnte gezeigt werden, dass PglE tatsächlich die Transaminierungsreaktion von PGLX zu L-Phg katalysiert. Zudem konnte gezeigt werden, dass sowohl L-Tyrosin (L-Tyr) als auch L-Phenylalanin (L-Phe) als NH_2-Donor dienen. Die beiden Substanzen unterscheiden sich lediglich darin, dass L-Tyr im Vergleich zu L-Phe eine Hydroxylgruppe am C4-Atom des Phenylrings trägt. Somit spielt diese *p*-Hydroxylgruppe für die Substratspezifität von PglE keine Rolle. Solch eine katalytische Promiskuität wird häufig bei Aminotransferasen beobachtet und wurde bereits für die PglE-ähnliche Aminotransferase HpgT aus *Amycolatopsis orientalis* (Identität 54%, Ähnlichkeit 66 %) (Tabelle 30) beschrieben [Hubbard et al., 2000]. Die restliche Struktur der Donoren, insbesondere der Phenylring, ist aber vermutlich entscheidend für die Substratspezifität von PglE. Dies ist anzunehmen, da in den Enzymassays die nicht-aromatische Aminosäure L-Glutamat (L-Glu) als Aminogruppen-Donor ausgeschlossen werden konnte. Es wurde zwar eine Phg-Bildung nachgewiesen, jedoch ist diese höchstwahrscheinlich durch ein aus *E. coli* mitaufgereinigtes, unspezifisches Enzym katalysiert worden. Dies ist zu vermuten, da auch in der Negativkontrolle mit L-Glu (Eluat aus *E. coli* Rosetta mit leerem pYT1), nicht jedoch mit L-Tyr und L-Phe, eine Phg-Bildung detektiert wurde. Eine spontane Reaktion konnte in allen Fällen ausgeschlossen werden. Demnach besitzt *E. coli* wahrscheinlich eine bislang unentdeckte Aminotransferase, die die Bildung von Phg oder einer ähnlichen Substanz unter Verwendung von PGLX als Substrat und L-Glu als NH_2-Donor katalysieren kann.

In Enzymassays konnte außerdem gezeigt werden, dass der NH_2-Donor L-Tyr zu Hydroxyphenylpyruvat (OH-PP) umgesetzt wird. Bei der Verwendung von L-Phe als NH_2-Donor konnte die Bildung des potentiellen Produkts Phenylpyruvat (PP) mittels der HPLC-MS/MS nicht überprüft werden. Allerdings konnte mit Hilfe eines Enzymassays, in dem die PglE-Rückreaktion untersucht wurde, gezeigt werden, dass PP zu Phe umgesetzt wird. Somit konnte indirekt nachgewiesen werden, dass PP unter Verwendung von L-Phe während der Phg-Synthese gebildet wird. Bei dieser PglE-Rückreaktion konnte außerdem festgestellt werden, dass L-Phg, wie erwartet, zu PGLX umgesetzt wurde. Auch die reverse Umsetzung von OH-PP zu L-Tyr war bei der Untersuchung der PglE-Rückreaktion nachweisbar. Damit konnte zudem die Reversibilität der PglE-Reaktion, die prinzipiell für alle Transaminierungsreaktionen gilt, bestätigt werden.

Da die Aminotransferase PglE die Bildung der aromatischen Aminosäure L-Phg katalysiert, liegt die Vermutung nahe, dass es sich hierbei höchstwahrscheinlich um eine aromatische Aminotransferase handelt. Bezüglich der Klassifizierung werden aromatische Aminotransferasen (ATs) generell zur Klasse I der insgesamt fünf unterschiedlichen Klassen gezählt (Abschnitt 2.5.1). Unter anderem ist bekannt, dass Enzyme dieser Klasse überwiegend als Homodimere ihre katalytische Reaktion ausüben [Eliot und Kirsch, 2004]. Aus diesem Grund ist davon auszugehen, dass auch PglE Homodimere bildet. Des Weiteren wurden für Klasse I ATs zehn hochkonservierte Aminosäurereste definiert, die an der Bindung des Co-Faktors Pyridoxylphosphat (PLP), des Substrates bzw. an der Bildung des Homodimers beteiligt sind [Ovchinnikov et al., 1973, Jensen und Gu, 1996]. Bereits die PglE-ähnliche AT Pgat aus *Amycolatopsis balhimycina*

DSM5908 (früher als *A. mediterranei* beschrieben) (54 % Identität, 67 % Ähnlichkeit) (Tabelle 30) konnte damit der AT-Klasse I zugeordnet werden [Ries, 2001]. Da auch in PglE alle zehn konservierten Aminosäuren vorhanden sind, stellt diese eine AT der Klasse I dar (Abbildung 37).

Tabelle 30: Vergleich von PglE mit anderen funktionell ähnlichen Aminotransferasen (ATs). L-Phe: L-Phenylalanin, L-Tyr: L-Tyrosin, L-Glu: L-Glutamat, L/D-Phg: L/D-Phenylglycin, L-Hpg: L-Hydroxyphenylglycin, Dpg: Dihydroxyphenylglycin.

AT	Stamm	Identität/Ähnlichkeit zu PglE-Sequenz (%)	NH_2-Donor	Produkt	Referenz
PglE	*Streptomyces pristinaespiralis*	-	L-Phe	L-Phg	Mast et al., 2011a; diese Arbeit
HpgT	*Amycolatopsis orientalis*	54/66	L-Tyr	L-Hpg	Hubbard et al, 2000
Pgat	*Amycolatopsis balhimycina*	54/67	L-Tyr *	L-Dpg*, L-Hpg*	Pfeifer et al., 2001
HpgAT	*Pseudomonas putida*	Keine Ähnlichkeit	L-Glu	D-Phg	Müller et al., 2006

* experimentell nicht gezeigt.

```
                                                                                                      1
Class I AT    1 meilvfmdsfglss-pmavnvshgplgdpilgvweaykelidprpgkdnviglgayepqlgkdlvlpavkkaearlard----rkldrggikeylpihgl
Pgat          1 meilvfmdsfglst-plsvetlhgsltdpaissmnllnelideypvaismaagrpyeeffdirliheyidaycdhlrrd----rkldeagvtrtlfqypt
PglE          1 -mtaglleapglaaaplttadlhasltdpaltsmtllineitgnypqavsfaagrpyeghydtealhhhlrrftrhleqdlghseeqvrrtlfqygptkgv

Class I AT   96 pefreaiaklyfgnlarspklkfkrvrvvqtlggtgalrlaafflranpgdevlvptpywpnyadifwaagvevipyryydennfkldfealeaaieeap
Pgat         96 t--kgviadliarnlaedenidaapesvvvtvgaqeamflvlrtlratehdvllapa---ptyvgltgaalltdtpvwpvqstengidpddlvlqlkrad
PglE        100 ------indllvrqlhtdehitadpeavlvtsgcqcamvlllralrrdardtvlaaa---ptyvgftgaaritemtvrqvpegpggldaadlaravraar
                    23 4                                5 6                                        7        8 9
Class I AT  196 ektkvlracylhnnphnptg---tdptreqlkkiadvvekn-illlsdeayggfvfgdldfasvaefaeegdellvvy--sfskmfglygwrvgaiyavn
Pgat        191 eqgkrvracyvtpnfanptg---tsmdlaarhrllevaeangillledhayg--lfgaerlptlkaldrsg---tvvyigsfakt-gmpgarvgl-ftv-
PglE        191 aeglrpracyvvpdfsnpqgarmseadrrrllhaad--eld-illiedhpysmfhdgqgrpptlksmdrsg-rvvyig--sfskt-afpgalrlgyvvadq

Class I AT  290 avisaakmssagrvssqlqslaramysnppdhgaeiviagarilerrditkanareiavftswleev-kgmacripngrfylrwmdlrgkllk------
Pgat        279 ----adqrmaggglladqlskl-kgmltvntspiaqsviagklllndfsltkanareiavyqrnlrlv-lgelerrlggragvrwntptggffv------
PglE        284 pvaegglivdqlaklksmltlntsal--------aqaviggllehgcsmeracareaavyrtnlnvlldglatrfppgsg-vtwntpagglfavlsvpf
                                                        10
Class I AT  383 --eedhifeqegmfsftllneaqvnvspgsefhiyepgwgqlrislaglseatvdeaaerirafvkrrlg-
Pgat        367 --tvtvpftvdddllalaardhgvlftpmhhfyggkggfnqlrisisllltpelieegvarlaalitarlg-
PglE        375 tadeaaleesagrfg--------vlwtpmyhfyagtggltqlrlsysvltpdeittgldrlaafvaartpr
```

Abbildung 37: Alignment der PglE- bzw. Pgat-Sequenz mit der Konsensussequenz der Klasse I-Aminotransferasen. Zahlen markieren die 10 hochkonservierten Aminosäurereste. Das Alignment wurde mit Hilfe des Clone Manager Programms durchgeführt.

5.1.3 *Erweitertes Modell des L-Phenylglycin-Biosyntheseweges*

In dieser Arbeit ist es gelungen, den letzten Schritt des L-Phg-Biosyntheseweges in *S. pristinaespiralis* mit Hilfe des PglE-Enzymassay zu verifizieren. Durch Aminotransferasen (ATs) katalysierte Transaminierungsreaktionen stellen häufig den letzten Schritt in der Biosynthese bzw. den ersten Schritt im Abbau von Aminosäuren dar [Meister, 1986]. Aus diesem Grund ist auch die Anordnung der AT PglE im letzten Schritt der L-Phg-Biosynthese logisch. Die in dieser Arbeit mit Hilfe der HPLC-MS/MS nachgewiesene Phenylglyoxylat (PGLX) -Akkumulation in der *pglE::apra*-Mutante ist zum einen ein Hinweis darauf, dass PGLX das Substrat von PglE ist, aber auch, dass PGLX tatsächlich Teil des Biosyntheseweges ist. Daher kann man davon ausgehen, dass auch die postulierte Reaktion von PglD, die zur Bildung von PGLX führt, korrekt ist (Abbildung 38). Der direkte Nachweis einer Akkumulation von Benzoylformyl-CoA in der *pglD::apra* Mutante ist mittels der HPLC-MS/MS nicht möglich, da keine entsprechende Referenz verfügbar ist. Durch eine Analyse der *pglA::apra*-Mutante, bei der Phenylacetyl-CoA akkumulieren sollte, könnte der PglA-abhängige Reaktionsschritt der L-Phg-Biosynthese in zukünftigen Experimenten verifiziert werden. Damit könnte auch die PglB/C-Reaktion indirekt bestätigt werden, bei der Phenylacetyl-CoA als Produkt angenommen wird (Abbildung 38). Der direkte Nachweis einer Phenylpyruvat (PP) -Akkumulation in der *pglB::apra*- bzw. *pglC::apra*-Mutante wäre vermutlich nicht möglich, da PP höchstwahrscheinlich im Primärmetabolismus weiter verstoffwechselt und deshalb nicht angehäuft wird.

Das Ergebnis der *in vitro* analysierten PglE-Reaktion zeigte, dass sowohl L-Tyr als auch L-Phe als Aminogruppen-Donor dienen kann. Da in beiden Fällen während der HPLC-MS/MS-Analyse etwa gleiche Mengen an L-Phg detektiert wurden, ließ sich keine Aussage darüber treffen, welcher der beiden Donoren von PglE bevorzugt und somit möglicherweise tatsächlich während der L-Phg-Biosynthese *in vivo* verwendet wird.

Für die PglE-ähnliche AT HpgT aus *Amycolatopsis orientalis*, die an der Biosynthese der Chloroeremomycin-Komponente Hydroxyphenylglycin beteiligt ist, wurde L-Tyr als eindeutiger Aminogruppen-Donor identifiziert (Tabelle 30) [Hubbard et al., 2000]. Für die zu PglE- bzw. HpgT-ähnliche AT Pgat aus *Amycolatopsis balhimycina*, die in der Biosynthese der Balhimycin-Komponenten Dihydroxy- und Hydroxyphenylglycin (Dhpg, Hpg) involviert ist, wurde auch L-Tyr als potentieller NH_2-Donor vorgeschlagen (Tabelle 30) [Pfeifer et al., 2001]. Für die HpgT- als auch die Pgat-Reaktion nimmt man an, dass nach der Desaminierung von L-Tyr das Co-Produkt OH-PP wieder als Ausgangssubstrat für die Synthese von Hpg verwendet wird und damit der Biosynthesezyklus wieder geschlossen ist [Hubbard et al., 2000; Ries, 2001]. Da Phg keine Hydroxylgruppe am C4-Atom des Phenylrings trägt, ist davon auszugehen, dass PP anstelle von OH-PP als Ausgangssubstrat für die L-Phg-Biosynthese in *S. pristinaespiralis* verwendet. Des Weiteren wird angenommen, dass L-Phe und nicht L-Tyr als NH_2-Donor bei der PglE-Reaktion verwendet wird, da bei der Desaminierung von L-Phe wieder das Ausgangssubstrat PP entsteht und der Biosynthesezyklus auf diese Weise wieder geschlossen wird (Abbildung 38). Dies ist außerdem anzunehmen, da in einer vorherigen Studie mittels Isotopenmarkierung gezeigt wurde, dass L-Phe während der Biosynthese der Streptogramin-Komponente Virginiamycin S in *S. virginiae* zu L-Phg umgewandelt wird [Reed und Kingston, 1986].

Aufgrund der in dieser Arbeit gewonnen Daten zur PglE-Reaktion, wurde das Modell des L-Phg-Biosyntheseweges in *S. pristinaespiralis* um den L-Phe-abhängigen Schritt erweitert (Abbildung 38).

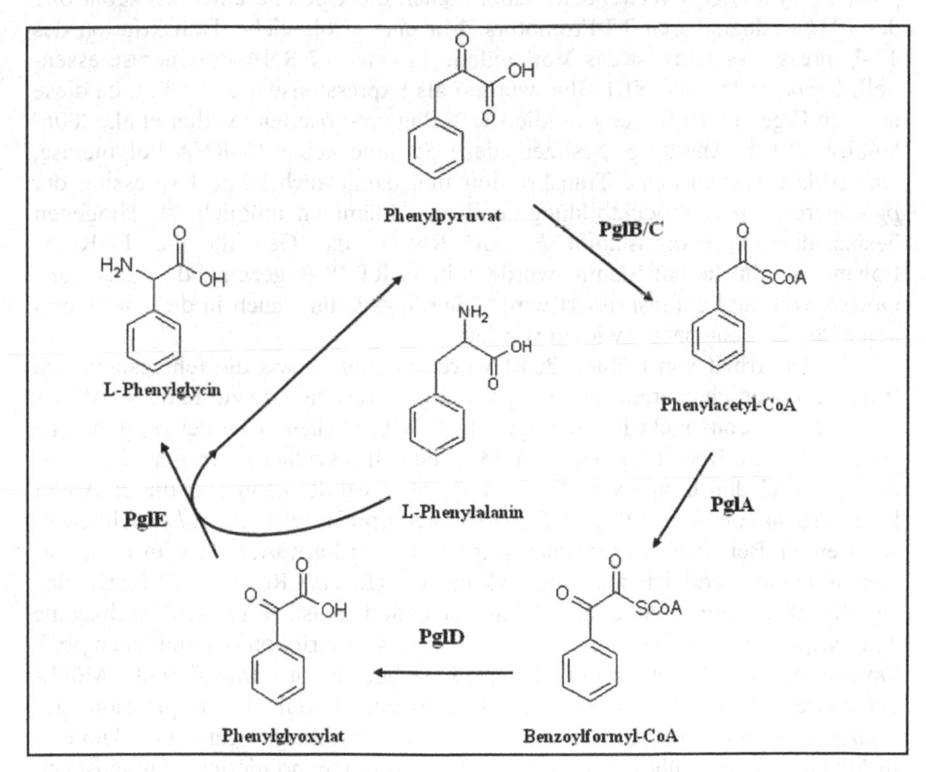

Abbildung 38: Erweitertes Modell des L-Phg-Biosyntheseweges in *S. pristinaespiralis*.

5.2 Produktion von L-und D-Phenylglycin

Ein Ziel dieser Arbeit war es, das native *pgl*$_L$-Operon und das darauf basierte, artifizielle *pgl*$_D$-Operon erfolgreich zu exprimieren. Dabei sollte zum einen durch die heterolog Expression des *pgl*$_L$-Operons der funktionelle Nachweis erbracht werden, dass dieses Operon für die L-Phg-Biosynthese in *S. pristinaespiralis* verantwortlich ist. Zum anderen sollte die fermentative Produktion des industriell bedeutsameren Enantiomers D-Phg mit Hilfe des artifiziellen *pgl*$_D$-Operons realisiert werden (Abschnitt 2.6). Wie bereits in früheren Arbeiten [Kocadinc, 2011; Kübler, 2012] war es auch in dieser Arbeit nicht möglich, die Phg-Enantiomere als Expressionsprodukte der beiden *pgl*-Operone in *E. coli* bzw. *S. lividans* nachzuweisen.

Für die heterologe Expression der *pgl*-Operone in *E. coli* wurden in dieser Arbeit die rekombinanten pRSETB-Plasmide (pRSETB/*pgl*$_L$, pRSETB/*pgl*$_D$ und pRSETB/*synth.pgl*$_D$) verwendet. Dabei stehen die Operone unter der Kontrolle des IPTG-induzierbaren T7-Promotors. Für eine erfolgreiche Transkription des T7-Expressionssytems ist das Vorhandensein einer T7-RNA-Polymerase essentiell. *E. coli* DH5α und XL1 Blue wurden als Expressionswirte gewählt, da diese laut den Ergebnissen früherer Studien kein Phg produzierten [Müller et al., 2006; Kübler; 2012]. Allerdings besitzen diese Stämme keine T7-RNA-Polymerase, was erklärt, warum keine Transkription und damit auch keine Expression der *pgl*-Operone bzw. Produktbildung in diesen Stämmen möglich ist. Hingegen besitzt der Expressionsstamm *E. coli* Rosetta das Gen für die T7-RNA-Polymerase. In diesem Stamm wurde mittels RT-PCR gezeigt, dass das *pgl*$_L$-Operon vollständig transkribiert wird. Allerdings konnte auch in diesem Stamm keine Phg-Bildung nachgewiesen werden.

In der Arbeit von Kübler, 2012 wurde vermutet, dass die fehlgeschlagene Produktion von Phg darauf gründet, dass *E. coli* Rosetta trotz zusätzlicher tRNAs für seltene Codons nicht in der Lage ist, die GC-reichen Gene der *pgl*-Operone zu translatieren. Doch auch bei der Verwendung des synthetischen *pgl*$_D$-Operons, das an die Codon Usage von *E. coli* angepasst wurde, konnte in dieser Arbeit keine Produktion von D-Phg in *E. coli* Rosetta pRSETB/*synth.pgl*$_D$ nachgewiesen werden. Bei einer erfolgreichen Expression wird erwartet, dass im Expressionsstamm im Vergleich zur Negativkontrolle (*E. coli* Rosetta pRSETB) eine signifikant höhere Menge an D-Phg detektierbar ist. Eine fehlgeschlagene Transkription ist eher unwahrscheinlich, da die Transkription des ähnlichen *pgl*$_L$-Operon in *E. coli* Rosetta mittels RT-PCR nachgewiesen werden konnte. Möglicherweise konnte kein D-Phg gebildet werden, weil die Expression des *synth.pgl*$_D$-Operons zur Bildung von unlöslichen Proteinaggregaten und damit zu inaktiven Enzymen führte, wie schon für die einzeln exprimierten, synthetischen

Pgl-Proteine beobachtet wurde (Abschnitt 5.1.1). Um eine Proteinaggregation zu verhindern, wurde die Expressionstemperatur auf 25 °C gesenkt. Allerdings war auch in diesem Fall kein D-Phg nachweisbar. Des Weiteren wurden verschiedene Vorstufen dem Kulturmedium zugegeben, um auszuschließen, dass die Biosynthese von D-Phg aufgrund eines Vorstufen-Mangels nicht erfolgt ist oder nur zu sehr geringen und kaum detektierbaren Mengen an D-Phg führte. Für die Biosynthese von D-Phg wird vor allem Phenylpyruvat als Ausgangssubstrat benötigt. Diese Substanz wird in *E. coli* sowie in anderen Bakterien und Pflanzen vorwiegend aus Prephenat im primärmetabolischen Shikimatweg gebildet und im weiteren Verlauf mit Hilfe einer AT (*E. coli*: TyrB) zu L-Phe umgesetzt. Wenn jedoch L-Phe im Überschuss vorhanden ist, kann es eventuell aufgrund der reversiblen Reaktionsfähigkeit von TyrB wieder zu Phenylpyruvat abgebaut werden. Um sicherzustellen, dass genügend Phenylpyruvat für die Biosynthese von D-Phg zur Verfügung stand, wurde zum Minimalmedium L-Phe hinzugegeben. Zudem wurde auch L-Tyr und L-Glu hinzugegeben. L-Tyr wurde zugeführt, da es ebenfalls aus Prephenat über das Intermediat Hydroxyphenylpyruvat im Shikimatweg entsteht und ein L-Tyr-Überschuss möglicherweise die Prephenatumsetzung in Richtung Phenylpyruvat lenken könnte. L-Glu wurde zugegeben, da es als NH_2-Donor für die HpgAT-Reaktion dient, bei der PGLX zu D-Phg umgesetzt wird (Tabelle 30) [Müller et al., 2006]. Auch die Zugabe dieser Substanzen zum Medium brachte keinen Erfolg und ist daher nicht ausschlagbebend für die D-Phg-Produktion. Da damit ein Mangel weiterer Vorstufen nicht ausgeschlossen werden kann, sollte in zukünftigen Experimenten unter anderem an der Optimierung des Produktionsmediums gearbeitet werden.

Die beiden *E. coli* Stämme DH5α und XL1 Blue wurden als Expressionsstämme gewählt, da sie in Vorversuchen im Vergleich zu den *E. coli*-Stämmen Rosetta und BL21 selbst kein Phg produzierten [Kübler, 2012]. Allerdings wurde in dieser Arbeit in den Negativkontrollen *E. coli* DH5α pRSETB und *E. coli* XL1 Blue pRSETB sowohl D-Phg als auch L-Phg mittels GC-MS detektiert. Eine Verunreinigung durch das Nährmedium konnte ausgeschlossen werden, da in der Minimalmedium-Referenz kein Phg nachweisbar ist. Bereits in anderen Studien konnte unabhängig voneinander beobachtet werden, dass Phg von *E. coli* produziert wird [Carneiro, 2010; Kocadinc, 2011; Kübler, 2012]. Ein Biosyntheseweg, bei dem Phg als Produkt oder Intermediat entsteht, ist in *E. coli* bislang nicht bekannt. Auch im *E. coli*- Genom konnten keine Phg-spezifischen Biosynthesegene identifiziert werden [Carneiro, 2010]. Außerdem wurde in dieser Arbeit in der Negativkontrolle des PglE-Enzymassays mit L-Glu als NH_2-Donor Phg nachgewiesen und vermutet, dass aus dem *E. coli*-Stamm eine unspezifisches AT mitaufgereinigt wurde, die zur Phg-Bildung führte. Möglicherweise ist eine solche unspezifische AT für die geringe Phg-Biosyntheseleistung in *E. coli* verantwortlich. Die GC-MS-Analyse zeigte außerdem, dass beide Formen, D- und L-Phg, gebildet werden. Dies lässt vermuten, dass *E. coli* sowohl D- als auch L-Phg produziert.

Das Ziel der fermentativen D-Phg-Produktion liegt darin, das D-Phg-Enantiomer in höchster Reinheit und ohne eine Kontamination mit L-Phg zu gewinnen. *E. coli* ist generell für eine Fermentation gut geeignet. Seine vermutete Fähigkeit beide Phg-Enantiomere zu produzieren, wäre für die fermentative D-Phg-Produktion jedoch nachteilig. Nichtsdestotrotz könnte dieses Problem z.B. durch eine Enantiomerenfällung im Anschluss an die Fermentation umgangen werden. Alternativ wäre eine fermentative D-Phg-Produktion in *S. lividans* denkbar, da er kein Phg selbst produziert (siehe unten). Es käme auch *Rhodococcus jostii* in Frage, da dieser Stamm zu den Organismen mit einem hohen GC-Gehalt in der DNA zählt [McLeod et al., 2006] und somit einen guten Expressionswirt für das GC-reiche artifizielle pgl_D-Operon darstellt. Des Weiteren wären *Amycolatopsis balhimycina*, welcher bereits ähnliche Substanzen wie z.B. Hydroxyphenylglycin synthetisiert [Pfeifer et al., 2011], und *Corynebacterium glutamicum*, der bereits standardmäßig zur fermentativen Produktion zahlreicher Aminosäuren in der Industrie eingesetzt wird [Leuchtenberger et al., 2005], als Produktionsstämme denkbar.

Parallel zu den *E. coli*-Experimenten wurde versucht, die Operone pgl_L und pgl_D heterolog in *S. lividans* T7 zu exprimieren. Da in einer vorangegangen Arbeit die Expression der Operone unter Verwendung der Fusionsplasmide pGM9/pRSETB/pgl_L bzw. pGM9/pRSETB/pgl_D nicht nachweisbar war [Kocadinc, 2011], wurden in dieser Arbeit pRM4/pgl_L bzw. pRM4/pgl_D als alternative Expressionsplasmide untersucht. Jedoch war auch damit weder die Produktion von D-Phg noch die von L-Phg in *S. lividans* möglich. Eine fehlgeschlagene Translation der Operone ist unwahrscheinlich, da *S. lividans* aufgrund der nahen Verwandtschaft zu *S. pristinaespiralis* in der Lage sein sollte, die *pgl*-Gene zu translatieren. Die fehlerfreie Konstruktion der pGM9/pRSETB/$pgl_{D/L}$- bzw. pRM4/$pgl_{D/L}$-Expressionsplasmide konnte anhand von Sequenzanalysen bestätigt werden und somit als Ursache für eine eventuell fehlgeschlagene Transkription der Operone ausgeschlossen werden [Mast, persönliche Mitteilung]. In dieser Arbeit konnte außerdem gezeigt werden, dass die pgl_L-Transkription in pRSETB/pgl_L fehlerfrei funktionierte. Da dieses Plasmid für die heterologe Expression in *S. lividans* mit pGM9 fusioniert wurde [Kocadinc, 2011], wird vermutet, dass die Transkription des pgl_L-Operons auch in *S. lividans* ordnungsgemäß verlaufen sollte. Um zu testen, ob die *S. lividans*-Expressionsplasmide funktional sind, sollte in zukünftigen Versuchen exemplarisch eine der PI-defizienten *S. pristinaespiralis pgl::apra*-Mutanten mit den pGM9/pRSETB/$pgl_{L/D}$ bzw. pRM4/$pgl_{L/D}$ Plasmiden komplementiert und auf die

Bildung von PI untersucht werden. Sollte in diesem Fall eine PI-Bildung nachweisbar sein, wäre damit in erster Linie die Funktionalität dieser Expressionsplasmide bewiesen. Gleichzeitig könnte dieses Ergebnis ein Indiz für die Annahme liefern, dass möglicherweise doch nicht alle L-Phg-Biosynthesegene in *S. pristinaespiralis* identifiziert wurden. Da in den *pgl::apra* Mutanten die mutmaßlich unentdeckten Gene vorhanden wären, könnte ihr Fehlen in den entsprechenden Expressionsplasmiden mit den *pgl*-Operonen kompensiert und somit eine Phg-Synthese ermöglicht werden. Somit würde das Fehlen dieser zusätzlichen Gene während der Expression der *pgl*-Operone in den heterologen Organismen, *E. coli* und *S. lividans*, erklären, warum die Phg-Synthese bislang nicht nachgewiesen werden konnte.

Auch ein Vorstufen-Mangel könnte der Grund dafür sein, warum die Phg-Produktion in *S. lividans* nicht erfolgte. Weder die Verwendung des mit Tyr supplementierten Minimalmediums noch die des S-Mediums (Komplexmedium) brachte einen Erfolg im Bezug auf die Phg-Produktion. Somit ist davon auszugehen, dass diese Nährmedien einen möglichen Vorstufen-Mangel nicht ausgleichen können und sich deshalb für die Phg-Produktion nicht eigenen. Aus diesem Grund sollte in zukünftigen Experimenten auch die Optimierung der Produktionsmedien für *S. lividans* weiter verfolgt werden.

In der Arbeit von Kocadinc, 2011 konnte sowohl in der Negativkontrolle (*S. lividans* pGM9/pRSETB) als auch in beiden Expressionsproben (*S. lividans* pGM9/pRSETB/pgl_L bzw. *S. lividans* pGM9/pRSETB/pgl_D) Phg detektiert werden. Da die Phg-Konzentrationen der Negativkontrolle denen der Expressionsproben glichen, wurde davon ausgegangen, dass die Expression der Operone nicht möglich war. Dieses Ergebnis ließ zudem vermuten, dass der Stamm *S. lividans* bereits selbst Phg produziert. Im Gegensatz hierzu konnte in dieser Arbeit weder in den Expressionsproben (*S. lividans* pRM4/pgl_L bzw. *S lividans* pRM4/pgl_D) noch in der Negativkontrolle (*S. lividans* pRM4) Phg detektiert werden. Die Phg-Detektion erfolgte bei Kocadinc mittels der HPLC-MS/MS. Möglicherweise war die HPLC-Säule mit Phg verunreinigt und führte deshalb zu einem falsch positiven Ergebnis. Eine Kontamination der HPLC-Säule mit Phg wurde schon öfters beobachtet und wird vermutlich dann verursacht, wenn man die Referenz in zu hoher Konzentration vor den Proben auf die Säule aufträgt [Kulik, pers. Mitt.]. Aufgrund der Annahme, dass *E. coli* generell in der Lage ist, Phg selbst zu produzieren (siehe oben), wird davon ausgegangen, dass auch in der Arbeit von Müller et al., 2006 bereits *E. coli* selbst Phg in geringen Mengen produzierte, was aber vermutlich wegen geringerer Auflösung der verwendeten Detektionsmethode (chirale HPLC) nicht messbar war. Somit ist anzunehmen, dass sich die hier angewandte GC-MS-Analyse nicht nur aufgrund der möglichen Unterscheidung zwischen den Phg-Enantiomeren, sondern auch aufgrund der Sensitivität für die Phg-Detektion im Vergleich zu den Detektionsmethoden von Kocadinc, 2011 und Müller et al., 2006 besser eignet. Aus diesem Grund ist die GC-MS für zukünftige Experimente als Detektionsmethode zu empfehlen.

5.3 Verifizierung der Operonstruktur von *pgl*$_L$ in *S. pristinaespiralis*

In einer früheren Arbeit wurde vorgeschlagen, dass das *pgl*$_L$-Operon in *S. pristinaespiralis* die Biosynthesegene für die aproteinogene Aminosäure L-Phg (*pglA, pglB, pglC, pglC* und *pglE*) sowie das *mbtY*-Gen enthält [Mast et al., 2011a]. Eine Operon-ähnliche Organisation wird meistens bei Genen beobachtet, die funktional gekoppelt sind. Die Lokalisation des *mbtY*-Gens innerhalb des Operons erschien zunächst als ungewöhnlich, da gezeigt werden konnte, dass es selbst keine direkte Rolle bei der L-Phg-Biosynthese spielt [Kocadinc, 2011]. In dieser Arbeit wurde anhand der durchgeführten Transkriptionsanalysen gezeigt, dass auch das PI-Peptidsynthetasegen *snbDE* Teil des *pgl*$_L$-Operons ist. Die nicht-ribosomale Peptidsynthetase (NRPS) SnbDE ist bei der Biosynthese von PI unter anderem für den Einbau der letzten Aminosäure L-Phg in das Peptid-Antibiotikum verantwortlich. Aufgrund dieser funktionalen Kopplung macht es Sinn, dass *snbDE* und die Biosynthesegene für L-Phg eine gemeinsame Transkriptionseinheit bilden. Für das MbtH-ähnliche Genprodukt MbtY wird vermutet, dass es einen direkten Einfluss auf die NRPS SnbDE hat [Kocadinc, 2011]. Für MbtH-ähnliche Proteine wurde gezeigt, dass sie nicht nur mit NRPS assoziieren, sondern höchstwahrscheinlich dabei auch in einem stöchiometrischen NRPS:MbtH-Verhältnis von 1:1 vorliegen [Boll et al., 2011]. Somit ist die gleichzeitige Lokalisation von *snbDE* und *mbtY* im *pgl*$_L$-Operon nicht nur aufgrund der vermuteten Interaktion beider Genprodukte, sondern auch aufgrund der Stöchiometrie sinnvoll.

Laut *in silico*-Analysen gibt es zwischen *snbDE* und dem davon upstream lokalisierten *snbC* keinen nicht-kodierenden Sequenzbereich [Mast, persönliche Mitteilung]. Hingegen liegt ein ~100 bp großer, nicht-kodierende Bereich vor *snbC*. Dies lässt vermuten, dass auch das PI-NRPS-Gen *snbC* Teil des somit ~28 kb großen *pgl*$_L$-Operons ist und der entsprechende Promotor P*pgl*$_L$ upstream von *snbC* lokalisiert ist (Abbildung 39).

In einer kürzlich abgeschlossenen Studie, bei der die Regulation der Pristinamycin-Biosynthese untersucht wurde, konnten regulatorische Bindemotive für den SARP-Typ-Regulator PapR2 im putativen Promotorbereich vor *snbC* identifiziert werden (Abbildung 39) und die Bindung von PapR2 an diesen Sequenzbereich mittels EMSA-Analyse nachgewiesen werden [Guezguez, 2013]. Somit liegt die Vermutung nahe, dass die Transkription des *pgl*$_L$-Operons durch den

Aktivator PapR2 induziert wird. In einer früheren Arbeit wurde gezeigt, dass die *papR2*-Transkription verhältnismäßig früh (vor ~22 h) und in einer Wachstumsphase, in der noch kein Pristinamycin gebildet wird, erfolgt [Mast, 2008]. In dieser Arbeit wurde das *pgl*$_L$-Transkript nach 24 h detektiert. Diese Erkenntnisse sind zudem mit der Annahme kompatibel, dass PapR2 chronologisch gesehen früher exprimiert werden muss, um als Aktivator für die Transkription des *pgl*$_L$-Operons zu dienen.

In der Arbeit von Guezguez, 2013 konnte mittels Mutations- und Transkriptionsanalysen zudem gezeigt werden, dass es im Falle einer *papR2*-Inaktivierung zu einem Verlust der *snbC*-Transkription kommt. Somit spricht auch dies dafür, dass *snbC* und damit das gesamte *pgl*$_L$-Operon Teil des PapR2-Regulons ist.

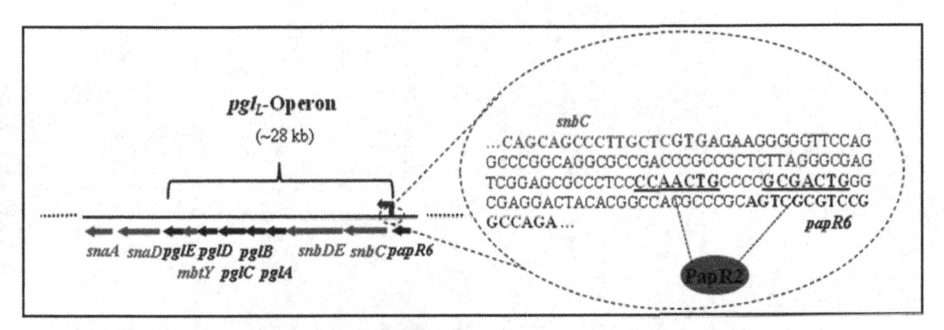

Abbildung 39: Schematische Darstellung des neu definierten *pgl*$_L$-Operons aus *S. pristinaespiralis*. Gene sind als Pfeile, der Promotor P*pgl*$_L$ als aufgerichteter Pfeil dargestellt. Gezeigt ist der Sequenzbereich zwischen *snbC* und *papR6*, in dem der putative Promotor P*pgl*$_L$ mit den möglichen SARP-Bindemotiven für PapR2 lokalisiert ist.

Literaturverzeichnis

Bamas-Jacques, N., Lorenzon, S., Lacroix, P., de Swetschin, C., Crouzet, J. (1999): Cluster organization of the genes of *Streptomyces pristinaespiralis* involved in Pristinamycin biosynthesis and resistance elucidated by pulsed-field gel clectrophoresis. J. Appl. Microbiol. 87: 939-948.

Bentley, S. D., Chater, K. F., Cerdeño-Tárraga, A. M., Challis, G. L., Thomson, N. R., James, K. D., Harris, D. E., Quail, M. A., Kieser, H., 34 other authors (2002): Complete genome sequence of the model actinomycete *Streptomyces coelicolor* A3(2). Nature 417: 141-147.

Birnboim, H. C., Doly, J. (1979): A rapid alkaline extraction procedure for screening of recombinant plasmid DNA. Nucleic Acids Res. 7: 1513-1523.

Blackwell, J. R., Horgan, R (1991): A novel strategy for production of a highly expressed recombinant protein in an active form. FEBS Lett. **295**: 10-12.

Blanc, V., Blanche, F., Crouzet, J. et al. (1994): Polypeptides involved in streptogramin biosynthesis, nucleotide sequences coding for said polypeptides and use thereof. International Patent WO 9408014.

Blanc, V., Lagneaux, D., Didier, P., Gil, P., Lacroix, P., Crouzet, J. (1995): Cloning and analysis of structural genes from *Streptomyces pristinaespiralis* encoding enzymes involved in the conversion of Pristinamycin II_B to Pristinamycin II_A (PII_A): PII_A synthase and NADH:riboflavin 5'-phosphate oxidoreductase. J. Bacteriol. **177**: 5206-5214.

Blanc, V., Thibaut, D., Bamas-Jacques, N., Blanche, F., Crouzet, J, Barriere; J. C., Debussche, L., Famechon, A., Paris, J.-M., Dutruc-Rosset, G. (1996): New streptogramin B derivatives useful as antibiotics—produced by new mutants of *Streptomyces* having altered genes for streptogramin B biosynthesis. Patent Cooperation Treaty International Publication no. WO 96/01,901-A1. Derwent, London, England.6.

Blanc, V., Gil, P., Bamas-Jacques, N., Lorenzon, S., Zagorec, M., Schleuniger, J., Bisch, D., Blanche,F., Debussche, L., Crouzet, J., Thibaut, D. (1997): Identification and analysis of genes from *Streptomyces pristinaespiralis* encoding enzymes involved in the biosynthesis of the 4-dimethylamino-L-phenyl-alanine precursor of Pristinamycin I. Mol. Microbiol. **23**: 191–202.

Blanc V., Blanche F., Crouzet F., Jacques N., Lacroix P., Thibaut D., Zagorec M., Debussche L., de Crécy-Lagard, V. (2000): Polypeptides involved in the biosynthesis of streptogramins, nucleotide sequences coding for these polypeptides and their use. Unites States Patent, Nr: 6.077.699.

Boll, B., Taubitz, T., Heide, L. (2011): Role of MbtH-like proteins in the adenylation of tyrosine during Aminocoumarin and Vancomycin biosynthesis. J. Biol. Chem. **286**: 36281-36290.

Bullock, W. O., Fernandez, J. M., Short, J. M. (1987): XL1-Blue: a high efficiency plasmid transforming *recA Escherichia coli* V strain with ß-galactosidase selection. Biotechniques **5**: 376-379.

Burgie, E. S., Thoden, J. B., Holden, H. M. (2007): Molecular architecture of DesV from *Streptomyces venezuelae*: A PLP-dependent transaminase involved in biosynthesis of the unusual sugar desosamine. Protein Science **16**: 887-896.

Carneiro, S. M. A. (2010): A systems biology approach for the characterization of metabolic bottlenecks in recombinant protein production processes. University of Minho, Portugal, dissertation.

Challis G. L. and Hopwood D. A. (2003): Synergy and contingency as driving forces for the evolution of multiple secondary metabolite production by *Streptomyces* species. Proc. Natl. Acad. Sci. U S A. (Suppl 100) **2**: 14555–14561.

Christen, P., Metzler, D. E. (1985): Transaminases. Series: Biochemistry (John Wiley & Sons) New York, Brisbane, Toronto.

Claxton, H B., Akey, D. L., Silver, M K., Admiraal, S. J., Smith, J. L. (2009): Structure and functional analysis of RifR, the type II thioesterase from Rifamycin biosynthetic pathway. J. Biol. Chem. **284**: 5021-5029.

Cocito, C.G. (1979): Antibiotics of the Virginiamycin family, inhibitors which contain synergistic components. Microbiol. Rev. **43**: 145-198.

Cooper, A. J. L., Meister, A. (1989): An appreciation of Braunstein, Alexander E. The discovery and scope of enzymatic transamination. Biochemie **71**: 387–404.

Davidsen, J. M., Bartley, D. M., Townsend, C. A. (2013): Non-ribosomal propetide precursor in Nocardicin A biosynthesis predicted from adenylation domain specificity dependent on the MbtH family protein NocI. J. Am. Chem. Soc. **135** (5): 1749-59.

Davis, B. D., Dulbecco, R., Eisen, H. N., Ginsberg, H. S. (1990): Microbiology, 4. Auflage, J. B. Lippincott/Harper & Row, London.

De Crécy-Lagard, V., Marlière, P., Saurin, W. (1995): Multienzymatic non ribosomal peptide biosynthesis: identification of the functional domains catalyzing peptide elongation and epimerisation. C.R. Acad. Sci. Paris, Life Sciences **318**: 927-936.

De Crécy-Lagard, V., Blanc, V., Gil, P., Naudin, L., Lorenzon, S., Famchon, A., Bamas-Jaques, N., Crouzet, J., Thibaut, D. (1997a): Pristinamycin I biosynthesis in *Streptomyces pristinaespiralis*: molecular characterization of the first two structural peptide synthetases genes. J. Bacteriol. **179**: 705-713.

De Crécy-Lagard, V., Saurin, W., Thibaut, D., Gil, P., Naudin L., Crouzet, J., Blanc, V (1997b): Streotpgramin B biosynthesis in *Streptomyces pristinaespiralis* and *Streptomyces virginiae*: molecular characterization of the last structural peptide synthetase gene. Antimicrob. Agents Chemother. **41**: 1904-1909.

Eckhardt, T. (1978): A rapid method for identification of plasmid DNA in bacteria. Plasmid **1**: 584-588.

Eliopoulus, G. M. (2003): Quinupristin-dalfopristin and linezolid: evidence and opinion. Clin. Infect. Dis. **36**: 473-481.

Eliot, A.C., Kirsch, J. F. (2004): Pyridoxal phosphate enzymes: Mechanistic, structural, and evolutionary considerations. Annu Rev Biochem **73**: 383–415.

Ensign J. C. (1978): Formation, properties and germination of actinomycete spores. Annu. Rev. Microbiol. **32**: 185-219.

Felnagle, E. A., Barkei, J. J., Park, H., Podevels, A. M., McMalson, M. D., Drott, D. W., Thomas, M. G. (2010): MbtH-like proteins as integral components of bacterial nonribosomal peptide synthetases. Biochem. **49**: 8815-8817.

Fiedler, H.P. (1984): Screening for new microbial products by high-performance liquid chromatography using a photodiode array detector. J. Chromatogr. **316**: 487-494.

Folcher, M., Gaillard, H., Nguyen, L. T., Nguyen, K. T., Lacroix, P., Bamas-Jacques, N., Rinkel, M., Thompson, C. J. (2001): Pleiotropic functions of a *Streptomyces pristinaespiralis* autoregulator receptor in development, antibiotic biosynthesis, and expression of a superoxide dismutase. J. Biol. Chem. **276**: 44297-44306.

Frey, P. A., Hegeman, A. D. (2007): Enzymatic reaction mechanisms. Oxford University Press, New York

Gräfe, U. (1992): Biochemie der Antibiotika. Struktur – Biosynthese – Wirkmechanismus. Spektrum Akademischer Verlag, Heidelberg-Berlin-New York.

Guezguez, J. (2013): Regulatory attributes of Pristinamycin biosynthesis in *S. pristinaespiralis* Pr11. Eberhard Karls Universität Tübingen, Dissertation.

Hayashi, H., Mizuguchi, H., Miyahara, I., Islam, M. M., Ikushiro, H., Nakajima, Y., Hirotsu, K., Kagamiyama, H. (2003): Strain and catalysis in aspartate aminotransferase. Biochimica et Biophysica Acta-Proteins and Proteomics **1647**: 103–109.

Heinzelmann, E., Kienzlen, G., Kaspar, S., Recktenwald, J., Wohlleben, W., Schwartz, D. (2001): The phosphinomethylmalate isomerase gene *pmi*, encoding an aconitase- like enzyme, is involved in the synthesis of phosphinothricin tripeptide in *Streptomyces viridochromogenes*. Appl. Environ. Microbiol. **67**: 3603-3609.

Hopwood, D. A., Bibb, M. J., Chater, K. F., 7 other authors (1985): Genetic manipulation of *Streptomyces*. A Laboratory Manual, Norwich, UK: John Innes Foundation.

Hubbard, B. K., Thomas, M. G., Walsh, C. T. (2000): Biosynthesis of L-hydroxyphenylglycine, a non-proteinogenic amino acid constituent of peptide antibiotics. Chem. Biol. **42**:1-12.

Hwang, B. Y., Cho, B. K., Yun, H., Koteshwar, K., Kim, B. G. (2005): Revisit of aminotransferase in the genomic era and its application to biocatalysis. J. Mol. Catal. B: Enzym **37**: 47–55.

Jensen, R. A., Gu, W. (1996): Minireview: Evolutionary recruitment of biochemically specialized subdivisions of family I within the protein superfamily of aminotransferases. J. Bacteriol. **178**: 2161-2171.

Kane, J. F. (1995): Effects of rare codon clusters on high-level expression of heterologous proteins in *Escherichia coli*. Curr. Opin. Biotechnol. **6**: 494-500.

Kirsch, J. F., Eichele, G., Ford, G. C., Vincent, M. G., Jansonius, J. N., Gehring, H., Christen, P. (1984): Mechanism of action of aspartate aminotransferase proposed on the basis of its spatial structure. J. Mol. Biol. **174**: 497–525.

Kocadinc, S. (2011): Molekulare Analyse des Phenylglycin-Operons aus *Streptomyces pristinaespiralis*. Eberhard Karls Universität Tübingen, Diplomarbeit.

Koma, D., Sawai, T., Hara, R., Harayama, S., Kino, K. (2008): Two groups of thermophilic amino acid aminotransferases exhibiting broad substrate specificities for the synthesis of phenylglycine derivates. Appl. Microbiol. Biotechnol. **79**: 775-784.

Kübler, V. (2012): Untersuchungen zur Phenylglycin-Biosynthese in *Streptomyces pristinaespiralis*. Eberhard Karls Universität Tübingen, Wissenschaftliche Arbeit.

Lämmli, U. K. (1970): Cleavage of structural proteins during the assembly of the head of bacteriophage T4. Nature **227**: 680-685.

Lancini, G., Lorenzetti, R. (1994): Biotechnology of Antibiotics and Other Bioactive Microbial Metabolites. Plenum Publishing Corporation, London.

Leuchtenberger, W., Huthmacher K, Drauz K. (2005): Biotechnological production of amino acids and derivatives: current status and prospects. Appl. Microbiol. Biotechnol. **69**: 1-8.

Li, L., Bannantine, J. P., Zhang, Q., Amonsin, A., May, B. J., Alt, D., Banerij, N., Kanjilal, S., Kapur, V. (2005): The complete genome sequence of *Mycobacterium avium* subspecies *paratuberculosis*. PNAS **102**: 12344-12349.

Lin, Y.S., Kieser, H.M., Hopwood, D. A., Chen, C.W. (1993): The chromosomal DNA of *Streptomyces lividans* 66 is linear. Mol. Microbiol. **10**: 923-933.

Martin, J. F., Liras, P. (1989): Organization and expression of genes involved in the biosynthesis of antibiotics and other secondary metabolites. Annu. Rev. Microbiol. **43**: 173-206.

Martínez-Rodríguez, S., Martínez-Gómez, A. I., Rodríguez-Vico, F., Clemente-Jiménez, J. M., Las Heras-Vázquez, F. J. (2010): Natural occurrence and industrial applications of D-amino acids: an overview. Chem. and Biodiv. **7**: 1531-1548.

Mast, Y. (2008): Biosynthetische und regulatorische Aspekte der Pristinamycin-Produktion in *Streptomyces pristinaespiralis*. Eberhard Karls Universität Tübingen, Dissertation.

Mast, Y., Wohlleben, W., Schinko, E. (2011a): Identification and functional characterization of phenylglycine biosynthetic genes involved in Pristinamycin biosynthesis in *Streptomyces pristinaespiralis*. J. Biotech. **155**: 63-67.

Mast, Y., Weber, T., Gölz, M., Ort-Winklbauer, R., Gondran, A., Wohlleben, W., Schinko, E. (2011b): Characterization of the 'Pristinamycin supercluster' of *Streptomyces pristinaespiralis*. Microb. Biotech. **4**: 192-206.

McLeod, M. P., Warren, R. L., Hsiao, W. W. L., Araki, N., Myhre, M, 24 other authors (2006): The complete genome of *Rhodococcus* sp. RHA 1 provides insights into a catabolic powerhouse. PNAS **103**: 15582-15587.

Mehta P. K., Hale T.I. and Christen P. (1993): Aminotransferases: demonstration of homology and division into evolutionary subgroups. Eur. J. Biochem. **214**: 549-561.

Meister, A. (1962): Biochemistry of the Amino Acids. Academic Press. London, New York.

Menges, R., Muth, G., Wohlleben, W., Stegmann, E. (2007): The ABC transporter Tba of *Amycolatopsis balhimycina* is required for efficient export of the glycopeptide antibiotic Balhimycin. Appl. Microbiol. Biotechnol. **77**: 125-134.

Müller, U., Hüber, S. (2003): Economic aspects of amino acids production. Adv. Biochem. Eng./Biotech. **79**: 137-170.

Müller, U., van Assema, F., Gunsior, M., Orf, S., Kremer, S., Schipper, D., Wagemans, A., Townsend, C. A., Sonke, T., Bovenberg, R., Wubbolts, M. (2006): Metabolic engineering of the *E. coli* L-phenylalanine pathway for production of D-phenylglycine (D-Phg). Metab. Eng. **8**: 196-208.

Mukhtar, T., Wright, G.D. (2005): Streptogramins, Oxazolidinones, and other inhibitors of bacterial protein synthesis. Chem. Rev. **105**: 529-542.

Musiol, E. M. (2011): The discrete acyltransferases KirCI and KirCII involved in kirromycin biosynthesis. Eberhard Karls Universität Tübingen, Dissertation.

Nakajima, Y., Abe, H., Endou, K., Matsuoka, M. (1984): Resistance to macrolide antibiotics in *Staphylococcus aureus* susceptible to Lincomycin. J. Antibiot. **37**: 675-679.

Ningsih, F., Kitani, S., Fukushima, E., Nihira, T. (2011): VisG is essential for biosynthesis of Virginiamycin S, a streptogramin type B antibiotic, as a provider of the nonproteinogenic amino acid phenylglycine. Microbiol. **157**: 3213-3220.

Ohnishi Y., Ishikawa, J., Hara, H., Suzuki, H., Ikenoya, M., Ikeda, H., Yamashita, A., Hattori, M., Horinouchi, S. (2008): Genome sequence of the Streptomycin-producing microorganism *Streptomyces griseus* IFO 13350. J. Bacteriol. **190**: 4050–4060.

Okanishi, M., Suzuki K., Umezawa H. (1974): Formation and reversion of streptomycete protoplasts: cultural condition and morphological study. J. Gen. Microbiol. **80**: 389-400.

Ovchinnikov, Y. A., Egerov, A., Aldanova, N. A., Feigina, M. Y., Lipkin, V. M., Abdulaev, N. G., Grishin, E. V., Kiselev, A. P., Modyanov, N. N., Braunstein, A. E., Polyanovsky, O. L., Nosikov, V. V. (1973): The complete amino acid sequence of cytoplasmic aspartate aminotransferase from pig heart. FEBS Lett. **29**: 31-34.

Pelzer, S., Süssmuth, R., Heckmann, D., Recktenwald, J., Huber, P., Jung, G., Wohlleben, W. (1999): Identification and analysis of the Balhimycin biosynthetic gene cluster and its use for manipulating glycopetide biosynthesis in *Amycolatopsis mediterranei* DSM5908. Antimicrob. Agents Chemother. **43**: 1565-1573.

Percudani, R., Peracchi, A (2009): The B6 database: a tool for the description and classification of vitamin B6-dependent enzymatic activities and of the corresponding protein families. BMC Bioinform. **10**: 273-280.

Pfeifer, V., Nicholson, G J., Ries, J., Recktenwald, J., Schefer, A. B., Shawky, R. M., Schroder, J., Wohlleben, W., Pelzer, S. (2001): A polyketide synthase in glycopeptide biosynthesis: the biosynthesis of the non-proteinogenic amino acid (S-)-3,5-dihydroxyphenylglycine. J. Biol. Chem. **276**: 38370-38377.

Reed, J. W., Kingston, D. G. I. (1986): Biosynthesis of antibiotics of the Virginiamycin family, 5. The conversion of phenylalanine to phenylglycine in the biosynthesis of Virginiamycin S_1. J. Nat. Prod. **49**: 626-630.

Ries, J. (2001): Biochemische und genetische Charakterisierung der Phenylglyoxylsäure-Aminotransferase Pgat im Balhimycin-Biosynthesecluster von *Amycolatopsis mediterranei* DSM5908. Eberhard Karls Universität Tübingen, Diplomarbeit.

Rudat, J., Brucher, B. R., Syldatk Ch. (2012): Transaminases for the synthesis of enantiopure beta-amino acids. AMB Express **2**: 1-10.

Schneider, G., Kack, H., Lindqvist, Y. (2000): The manifold of vitamin B6-dependent enzymes. Structure **8**: R1–R6.

Shin, J. S., Kim, B. G. (2002): Exploring the active site of amine:pyruvate aminotransferase on the basis of the substrate structure-reactivity relationship: how the enzyme controls substrate specificity and stereoselectivity. J. Org. Chem. **67**: 2848–2853.

Stegmann, E., Rausch, C., Stockert, S., Burkert D., Wohlleben, W. (2006): The small MbtH-like protein encoded by an internal gene of the Balhimycin biosynthetic gene cluster is not required for glycopeptide production. FEMS Microb. Lett. **262**: 85-92.

Stephan, A. (2013): Untersuchungen des *cpp*-Clusters in *Streptomyces pristinaespiralis*. Eberhard Karls Universität Tübingen, Diplomarbeit.

Taylor, P. P., Pantaleone, D. P., Senkpeil, R. F., Fotheringham, I. G. (1998): Novel biosynthetic approaches to the production of unnatural amino acids using transaminases. Trends Biotechnol. **16**: 412–418.

Taylor, R. G., Walker, D. C., McInnes, R. R. (1993): *E. coli* host strains significantly affect the quality of small scale plasmid DNA preperations used for sequencing. Nuc. Acids Res. **21**: 1677-1678.

Terpe, K. (2003): Overview of tag protein fusion: from molecular and biochemical fundamentals to commercial systems. Appl. Microbiol. Biotechnol. **60**: 523-533.

Terpe, K. (2006): Overview of bacterial expression systems for heterologous protein production: from molecular and biochemical fundamentals to commercial systems. Appl. Microbiol. Biotechnol. **72**: 211-222.

Thibaut, D., Bisch, D., Ratet, N., Maton, L., Couder, M., Debussche, L., Blanche, F. (1997): Purification of the peptide synthetases involved in Pristinamycin I biosynthesis. J. Bacteriol. **179**: 697-704.

Thibaut, D., Ratet, N., Bisch, D., Faucher, D., Debussche, L., Blanche, F. (1995): Purification of the two-enzyme system catalyzing the oxidation of the D-proline residue of Pristinamycin II_B during the last step of Pristinamycin II_A biosynthesis. J. Bacteriol. **177**: 5199-5205.

Tseng, C. C., Vaillancourt, F. H., Bruner, S. D., Walsh, C. T. (2004): DpgC is a metal- and cofactor-free 3, 5-dihydroxyphenylacetyl-CoA 1,2-dioxygenase in the Vancomycin biosynthetic Pathway. Chem. and Biol. **11**: 1195-1203.

Vannuffel, P. and Cocito, C. (1996): Mechanism of action of streptogramins and macrolides. Drugs. **51**: 20-30.

Waksman, S. A., Fennes, F. (1949): Drugs of natural origin. Ann. NY Acad. Sci. **52**: 750-87.

Wegman, M. S., Janssen, M. H. A., Rantwijk, F., Sheldon, R. A. (2001): Towards biocatalytic synthesis of β-lactam antibiotics. Adv. Synth. & Cat. **343**: 559-576.

Wright, B., Bibb, M. B. (1992): Codon usage in the G+C rich *Streptomyces* genome. Gene **113**: 55-65.

Anhang

Karten verwendeter Plasmide

E. coli-Plasmide

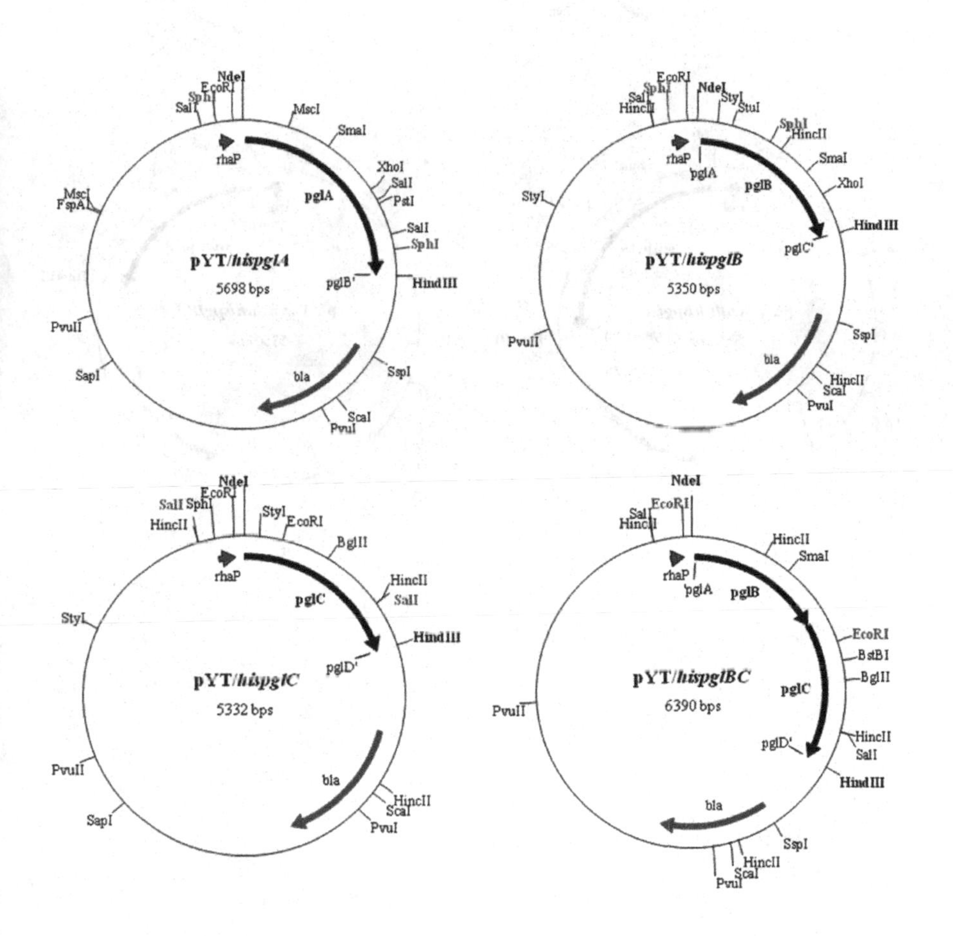

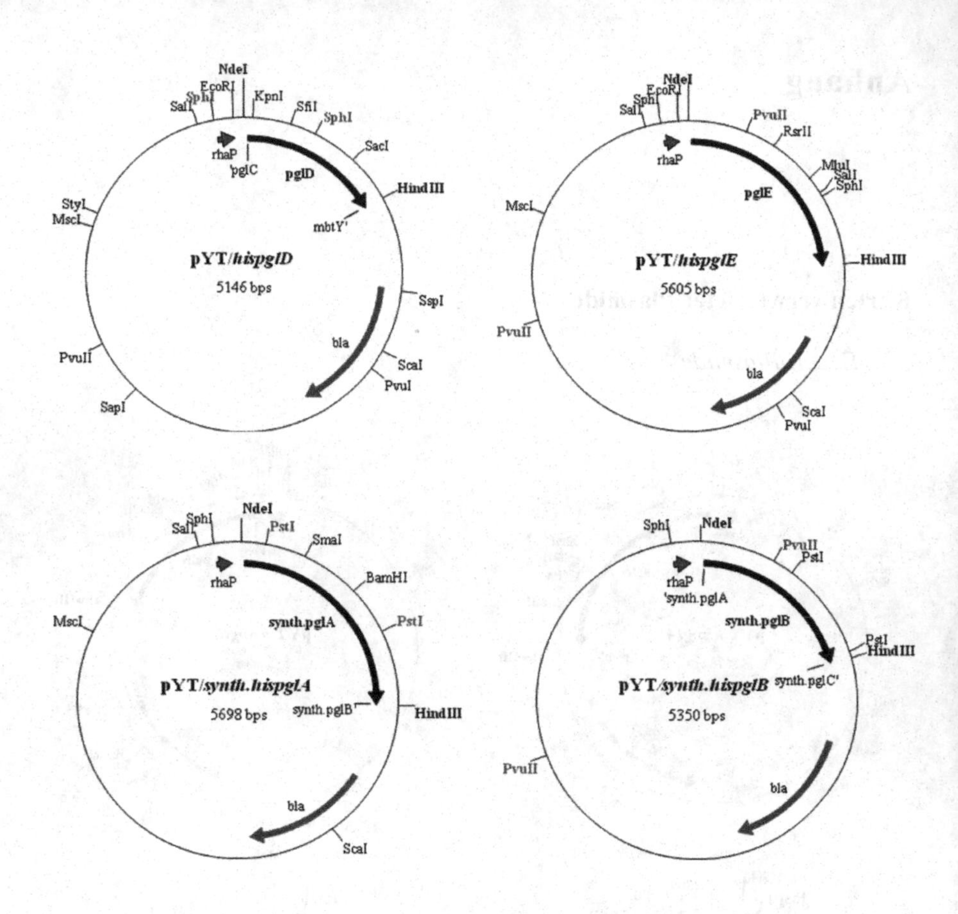
NdeI
SalI
SphI
EcoRI
KpnI
SfiI
SphI
SacI
rhaP
'pglC
pglD
HindIII
mbtY'
StyI
MscI
pYT/hispglD
5146 bps
SspI
bla
ScaI
PvuI
PvuII
SapI
pYT/hispglE
5605 bps
PvuII
RsrII
MluI
pglE
MscI
pYT/synth.hispglA
5698 bps
PstI
SmaI
BamHI
synth.pglA
synth.pglB'
pYT/synth.hispglB
5350 bps
'synth.pglA
synth.pglB
synth.pglC'

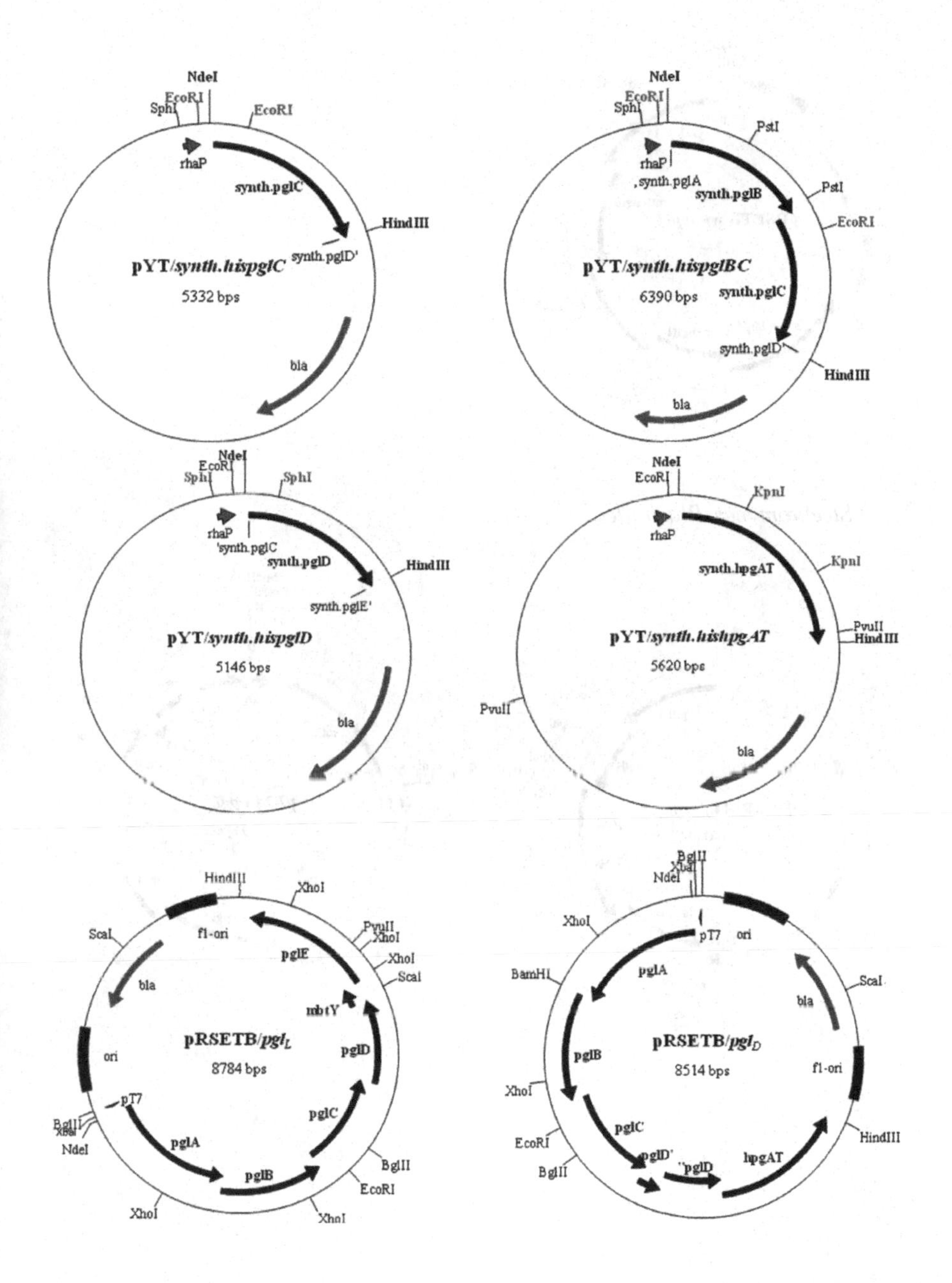

NdeI
EcoRI
SphI
EcoRI
rhaP
synth.pglC'
HindIII
synth.pglD'
pYT/synth.hispglC
5332 bps
bla
NdeI
EcoRI
SphI
PstI
rhaP
,synth.pglA
synth.pglB
PstI
EcoRI
pYT/synth.hispglBC
6390 bps
synth.pglC
synth.pglD'
HindIII
bla
NdeI
EcoRI
SphI
SphI
rhaP
'synth.pglC
synth.pglD
HindIII
synth.pglE'
pYT/synth.hispglD
5146 bps
bla
NdeI
EcoRI
KpnI
rhaP
synth.hpgAT
KpnI
PvuII
HindIII
pYT/synth.hishpg.AT
5620 bps
PvuII
bla
HindIII
XhoI
ScaI
f1-ori
PvuII
XhoI
XhoI
pglE
ScaI
bla
mbtY
ori
pRSETB/pglL
8784 bps
pglD
pT7
pglC
BglII
XbaI
NdeI
pglA
BglII
pglB
EcoRI
XhoI
XhoI
BglII
XbaI
NdeI
XhoI
pT7
ori
BamHI
pglA
ScaI
bla
pglB
pRSETB/pglD
8514 bps
f1-ori
XhoI
pglC
EcoRI
HindIII
BglII
pglD'
'pglD
hpgAT

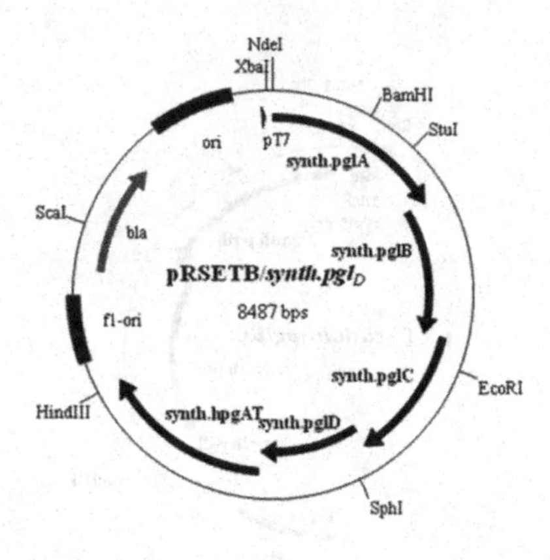

Streptomyces-Plasmide

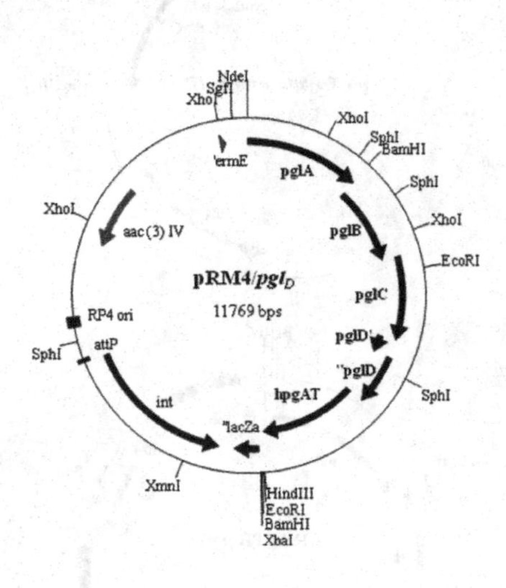

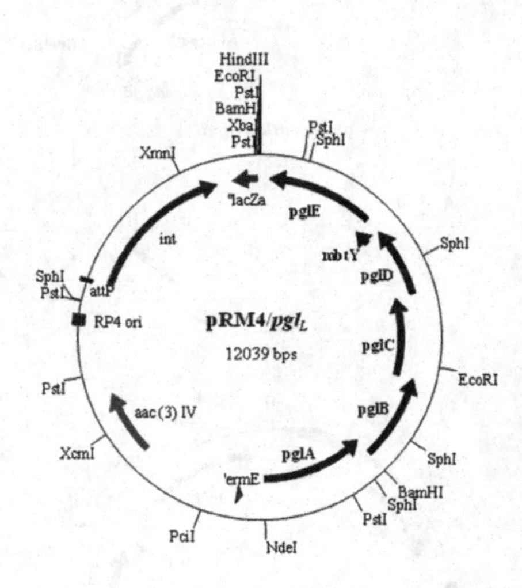

HPLC-MS/MS-Analyse von reinen Referenzsubstanzen

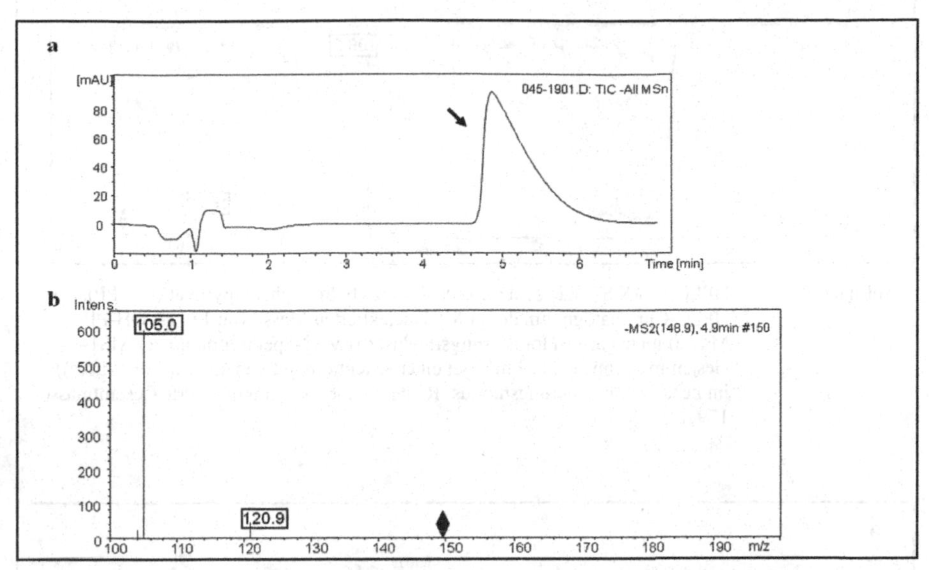

Abbildung 40: HPLC-MS/MS-Analyse der Reinsubstanz Phenylglyoxylat (PGLX) zur Detektion von L-Phg-Biosyntheseakkumulaten in der *pglE::apra*-Mutante. (a) UV-Chromatogramm. (b) MS2-Spektrogramm des MS1-Gesamtmassenpeaks von 148,9 m/z (≙ PGLX-Masse) bei einer Retentionszeit von 4,9 min (Pfeil in (a)) im negativen Ionisierungsmodus. Raute markiert die fragmentierte Gesamtmasse 148,9 m/z.

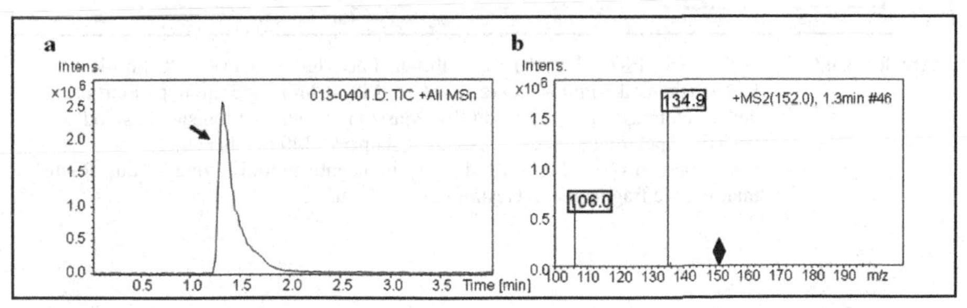

Abbildung 41: HPLC-MS/MS-Analyse der Reinsubstanz L-Phenylglycin (L-Phg). (a) HPLC-Chromatogramm der in MS1-detektierten Gesamtmasse von 152 m/z (≙ Phg-Masse) im positiven Ionisierungsmodus. (b) MS2-Spektrogramm des MS1-Gesamtmassenpeaks 152 m/z bei einer Retentionszeit von 1,3 min (Pfeil in (a)) im positiven Ionisierungsmodus. Raute markiert die fragmentierte Gesamtmasse 152 m/z.

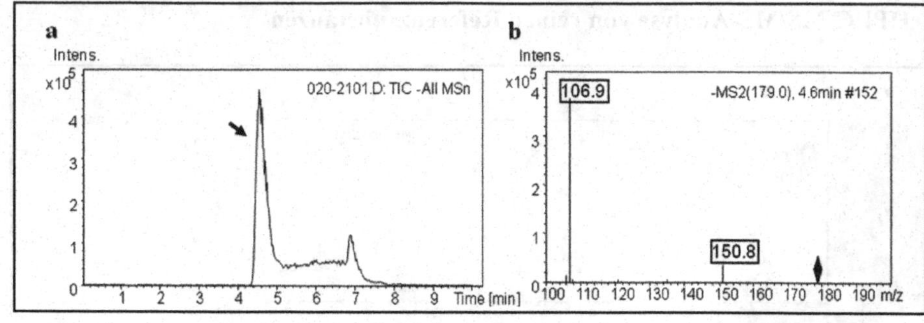

Abbildung 42: HPLC-MS/MS-Analyse der Reinsubstanz Hydroxyphenylpyruvat (OH-PP). (a) HPLC-Chromatogramm der in MS1-detektierten Masse von 179 (≙ OH-PP-Masse) im negativen Ionisierungsmodus. (b) MS2-Spektrogramm des MS1-Gesamtmassenpeaks 179 m/z bei einer Retentionszeit von 4,6 min (Pfeil in (a)) im negativen Ionisierungsmodus. Raute markiert die fragmentierte Gesamtmasse 179 m/z.

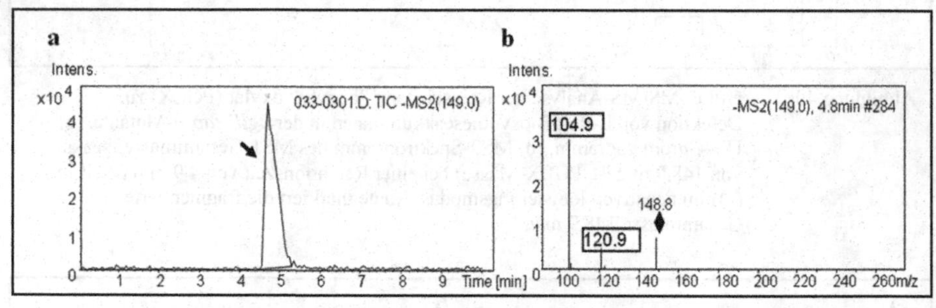

Abbildung 43: HPLC-MS/MS-Analyse der Reinsubstanz Phenylglyoxylat (PGLX) für die Untersuchung der PglE-Rückreaktion. (a) MS2-Chromatogramm, gefiltert nach der Gesamtmasse 149 m/z (≙ PGLX-Masse) im negativen Ionisierungsmodus. (b) MS2-Spektrogramm des Gesamtmassenpeaks 149 m/z bei einer Retentionszeit von 4,8 min (Pfeil in (a)) im negativen Ionisierungsmodus. Raute markiert die fragmentierte Gesamtmasse 149 m/z.

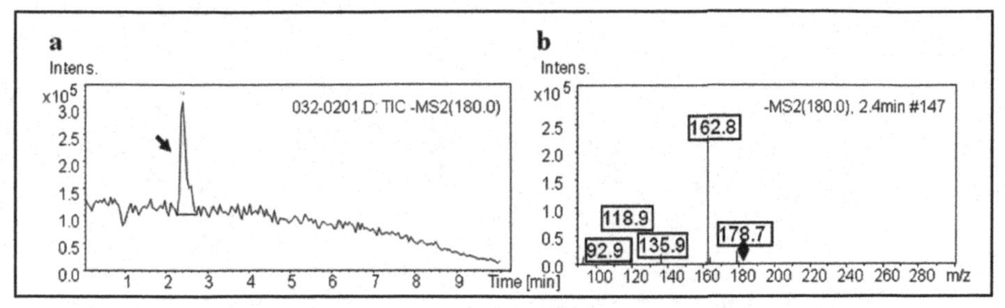

Abbildung 44: HPLC-MS/MS-Analyse der Reinsubstanz L-Tyrosin (L-Tyr). (a) MS2-Chromatogramm, gefiltert nach der Gesamtmasse 180 m/z (≙ Tyr-Masse) im negativen Ionisierungsmodus. (b) M2-Spektrogramm des Gesamtmassenpeaks 180 m/z bei einer Retentionszeit von 2,4 min (Pfeil in (a)) im negativen Ionisierungsmodus. Raute markiert die fragmentierte Gesamtmasse 180 m/z.

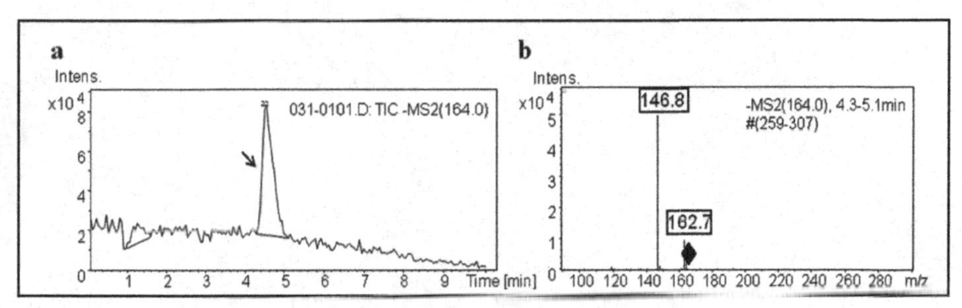

Abbildung 45: HPLC-MS/MS-Analyse der Reinsubstanz L-Phenylalanin (L-Phe). (a) MS2-Chromatogramm, gefiltert nach der Gesamtmasse 164 m/z (≙ Phe-Masse) im negativen Ionisierungsmodus. (b) MS2-Spektrogramm des Massenpeaks 164 m/z bei einer Retentionszeit von 4,6 min (Pfeil in (a)) im negativen Ionisierungsmodus. Raute markiert die fragmentierte Gesamtmasse 164 m/z.

Printed in the United States
By Bookmasters